"十三五"国家重点图书出版规划项目
中国工程院重点咨询项目（2019-XZ-029）

国家出版基金项目
NATIONAL PUBLICATION FOUNDATION

丛书编委会主任｜丁烈云

U0210906

数字建造｜实践卷

凤凰中心数字建造技术应用

The Application of Digital Construction Technology to Phoenix Center

邵韦平｜著

Weiping Shao

中国建筑工业出版社

图书在版编目（CIP）数据

凤凰中心数字建造技术应用 / 邵韦平著. — 北京：中国建筑工业出版社，
2019.12

（数字建造）

ISBN 978-7-112-24525-3

Ⅰ.①凤…　Ⅱ.①邵…　Ⅲ.①数字技术－应用－电视台－建筑结构－结
构设计　Ⅳ.①TU248.8-39

中国版本图书馆CIP数据核字（2019）第283611号

　　凤凰中心作为《数字建造》丛书的案例卷，它所记录的凤凰中心的创
作之路以及它贡献给社会的文化效应，将对广大的建筑设计群体具有启发
性。凤凰中心通过参数化设计、BIM模型和三维协同等新技术手段，应对
了高难度技术的考验。并在建筑体系创新、数字建造控制等多个技术环
节，结合建筑业及项目自身条件进行了多项技术创新，凤凰中心为数字建
筑学发展提供了新范式。

　　本书完整记录了一个完全自主知识、设计原创、中国技术、中国智慧条件
下的设计团队最有价值的思考和经验，它把这些最有价值的东西毫无保留地
分享给设计行业，对于设计者进一步认识新技术及新美学时代的到来具有积
极的推动作用，为中国建筑未来的创作方向提供了一个示范文本。

总　策　划：沈元勤
责任编辑：赵晓菲　朱晓瑜
助理编辑：张智芊
责任校对：赵听雨
书籍设计：锋尚设计

数字建造｜实践卷

凤凰中心数字建造技术应用
邵韦平　著
＊
中国建筑工业出版社出版、发行（北京海淀三里河路9号）
各地新华书店、建筑书店经销
北京锋尚制版有限公司制版
北京雅昌艺术印刷有限公司印刷
＊
开本：787×1092毫米　1/16　印张：23　字数：423千字
2019年12月第一版　2019年12月第一次印刷
定价：**168.00元**
ISBN 978 - 7 - 112 - 24525 - 3
　　　　（34973）

DIGITAL CONSTRUCTION

《数字建造》丛书编委会

---------- 专家委员会 ----------

主任：钱七虎

委员（按姓氏笔画排序）：

丁士昭　王建国　卢春房　刘加平　孙永福　何继善　欧进萍

孟建民　胡文瑞　聂建国　龚晓南　程泰宁　谢礼立

---------- 编写委员会 ----------

主任：丁烈云

委员（按姓氏笔画排序）：

马智亮　王亦知　方东平　朱宏平　朱毅敏　李　恒　李一军

李云贵　吴　刚　何　政　沈元勤　张　建　张　铭　邵韦平

郑展鹏　骆汉宾　袁　烽　徐卫国　龚　剑

丛书序言

伴随着工业化进程，以及新型城镇化战略的推进，我国城市建设日新月异，重大工程不断刷新纪录，"中国制造、中国创造、中国建造共同发力，继续改变着中国的面貌"。

建设行业具备过去难以想象的良好发展基础和条件，但也面临着许多前所未有的困难和挑战，如工程的质量安全、生态环境、企业效益等问题。建设行业处于转型升级新的历史起点，迫切需要实现高质量发展，不仅需要改变发展方式，从粗放式的规模速度型转向精细化的质量效率型，提供更高品质的工程产品；还需要转变发展动力，从主要依靠资源和低成本劳动力等要素投入转向创新驱动，提升我国建设企业参与全球竞争的能力。

现代信息技术蓬勃发展，深刻地改变了人类社会生产和生活方式。尤其是近年来兴起的人工智能、物联网、区块链等新一代信息技术，与传统行业融合逐渐深入，推动传统产业朝着数字化、网络化和智能化方向变革。建设行业也不例外，信息技术正逐渐成为推动产业变革的重要力量。工程建造正在迈进数字建造，乃至智能建造的新发展阶段。站在建设行业发展的新起点，系统研究数字建造理论与关键技术，为促进我国建设行业转型升级、实现高质量发展提供重要的理论和技术支撑，显得尤为关键和必要。

数字建造理论和技术在国内外都属于前沿研究热点，受到产学研各界的广泛关注。我们欣喜地看到国内有一批致力于数字建造理论研究和技术应用的学者、专家，坚持问题导向，面向我国重大工程建设需求，在理论体系建构与技术创新等方面取得了一系列丰硕成果，并成功应用于大型工程建设中，创造了显著的经济和社会效益。现在，由丁烈云院士领衔，邀请国内数字建造领域的相关专家学者，共同研讨、组织策划《数字建造》丛书，系统梳理和阐述数字建造理论框架和技术体系，总结数字建造在工程建设中的实践应用。这是一件非常有意义的工作，而且恰逢其时。

丛书涵盖了数字建造理论框架，以及工程全生命周期中的关键数字技术和应用。其内容包括对数字建造发展趋势的深刻分析，以及对数字建造内涵的系统阐述；全面探讨了数字化设计、数字化施工和智能化运维等关键技术及应用；还介绍了北京大兴国际机场、凤凰中心、上海中心大厦和上海主题乐园四个工程实践，全方位展示了数字建造技术在工程建设项目中的具体应用过程和效果。

　　丛书内容既有理论体系的建构，也有关键技术的解析，还有具体应用的总结，内容丰富。丛书编写者中既有从事理论研究的学者，也有从事工程实践的专家，都取得了数字建造理论研究和技术应用的丰富成果，保证了丛书内容的前沿性和权威性。丛书是对当前数字建造理论研究和技术应用的系统总结，是数字建造研究领域具有开创性的成果。相信本丛书的出版，对推动数字建造理论与技术的研究和应用，深化信息技术与工程建造的进一步融合，促进建筑产业变革，实现中国建造高质量发展将发挥重要影响。

　　期待丛书促进产生更加丰富的数字建造研究和应用成果。

中国工程院院士

2019年12月9日

丛书前言

我国是制造大国，也是建造大国，高速工业化进程造就大制造，高速城镇化进程引发大建造。同城镇化必然伴随着工业化一样，大建造与大制造有着必然的联系，建造为制造提供基础设施，制造为建造提供先进建造装备。

改革开放以来，我国的工程建造取得了巨大成就，阿卡迪全球建筑资产财富指数表明，中国建筑资产规模已超过美国成为全球建筑规模最大的国家。有多个领域居世界第一，如超高层建筑、桥梁工程、隧道工程、地铁工程等，高铁更是一张靓丽的名片。

尽管我国是建造大国，但是还不是建造强国。碎片化、粗放式的建造方式带来一系列问题，如产品性能欠佳、资源浪费较大、安全问题突出、环境污染严重和生产效率较低等。同时，社会经济发展的新需求使得工程建造活动日趋复杂。建设行业亟待转型升级。

以物联网、大数据、云计算、人工智能为代表的新一代信息技术，正在催生新一轮的产业革命。电子商务颠覆了传统的商业模式，社交网络使传统的通信出版行业备感压力，无人驾驶让人们憧憬智能交通的未来，区块链正在重塑金融行业，特别是以智能制造为核心的制造业变革席卷全球，成为竞争焦点，如德国的工业4.0、美国的工业互联网、英国的高价值制造、日本的工业价值网络以及中国制造2025战略，等等。随着数字技术的快速发展与广泛应用，人们的生产和生活方式正在发生颠覆性改变。

就全球范围来看，工程建造领域的数字化水平仍然处于较低阶段。根据麦肯锡发布的调查报告，在涉及的22个行业中，工程建造领域的数字化水平远远落后于制造行业，仅仅高于农牧业，排在全球国民经济各行业的倒数第二位。一方面，由于工程产品个性化特征，在信息化的进程中难度高，挑战大；另一方面，也预示着建设行业的数字化进程有着广阔的前景和发展空间。

一些国家政府及其业界正在审视工程建造发展的现实，反思工程建造面临的问题，探索行业发展的数字化未来，抢占工程建造数字化高地。如颁布建筑业数字化创新发展路线图，推出以BIM为核心的产品集成解决方案和高效的工程软件，开发各种工程智能机器人，搭建面向工程建造的服务云平台，以及向居家养老、智慧社区等产业链高端拓展等等。同时，工程建造数字化的巨大市场空间也吸引众多风险资本，以及来自其他行业的跨界创新。

我国建设行业要把握新一轮科技革命的历史机遇，将现代信息技术与工程建造深度融合，以绿色化为建造目标、工业化为产业路径、智能化为技术支撑，提升建设行业的建造和管理水平，从粗放式、碎片化的建造方式向精细化、集成化的建造方式转型升级，实现工程建造高质量发展。

然而，有关数字建造的内涵、技术体系、对学科发展和产业变革有什么影响，如何应用数字技术解决工程实际问题，迫切需要在总结有关数字建造的理论研究和工程建设实践成果的基础上，建立较为完整的数字建造理论与技术体系，形成系列出版物，供业界人员参考。

在时任中国建筑工业出版社沈元勤社长的推动和支持下，确定了《数字建造》丛书主题以及各册作者，成立了专家委员会、编委会，该丛书被列入"十三五"国家重点图书出版计划。特别是以钱七虎院士为组长的专家组各位院士专家，就该丛书的定位、框架等重要问题，进行了论证和咨询，提出了宝贵的指导意见。

数字建造是一个全新的选题，需要在研究的基础上形成书稿。相关研究得到中国工程院和国家自然科学基金委的大力支持，中国工程院分别将"数字建造框架体系"和"中国建造2035"列入咨询项目和重点咨询项目，国家自然科学基金委批准立项"数字建造模式下的工程项目管理理论与方法研究"重点项目和其他相关项目。因此,《数字建造》丛书也是中国工程院战略咨询成果和国家自然科学基金资助项目成果。

《数字建造》丛书分为导论、设计卷、施工卷、运营维护卷和实践卷,共12册。丛书系统阐述数字建造框架体系以及建筑产业变革的趋势,并从建筑数字化设计、工程结构参数化设计、工程数字化施工、建筑机器人、建筑结构安全监测与智能评估、长大跨桥梁健康监测与大数据分析、建筑工程数字化运维服务等多个方面对数字建造在工程设计、施工、运维全过程中的相关技术与管理问题进行全面系统研究。丛书还通过北京大兴国际机场、凤凰中心、上海中心大厦和上海主题乐园四个典型工程实践,探讨数字建造技术的具体应用。

《数字建造》丛书的作者和编委有来自清华大学、华中科技大学、同济大学、东南大学、大连理工大学、香港科技大学、香港理工大学等著名高校的知名教授,也有中国建筑集团、上海建工集团、北京市建筑设计研究院等企业的知名专家。从2016年3月至今,经过诸位作者近4年的辛勤耕耘,丛书终于问世与众。

衷心感谢以钱七虎院士为组长的专家组各位院士、专家给予的悉心指导,感谢各位编委、各位作者和各位编辑的辛勤付出,感谢胡文瑞院士、丁士昭教授、沈元勤编审、赵晓菲主任的支持和帮助。

将现代信息技术与工程建造结合,促进建筑业转型升级,任重道远,需要不断深入研究和探索,希望《数字建造》丛书能够起到抛砖引玉作用。欢迎大家批评指正。

《数字建造》丛书编委会主任
2019年11月于武昌喻家山

本书序言

《凤凰中心数字建造技术应用》作为《数字建造》丛书的案例卷，它所记录的凤凰中心的创作之路以及它贡献给社会的文化效应，将对广大的建筑设计群体具有启发性。这本书完整记录了一个完全自主知识、设计原创、中国技术、中国智慧条件下的设计团队最有价值的思考和经验，它把这些最有价值的东西毫无保留地分享给我们的设计行业，对于设计者进一步认识新技术及新美学时代的到来具有积极的推动作用，甚至可以说，它为中国建筑未来的创作方向提供了一个示范文本。之所以这么说，是因为凤凰中心展现了一个中国建筑创作的新方向，所谓"新"指的是与之前中国好的建筑相比。之前有很多好建筑，但大多立足于历史和文化，从传统中获取灵感和启示；而凤凰中心设计的立足点及指向性是完全不一样的，它满足了现代社会生活的需求，其设计的基本立足点是今天的科学技术和社会生活所产生的新要求，这种要求是从来没有过的，因而需要一种新的建筑手段去满足这种新的要求。从这一点上讲，凤凰中心的设计动机与探索未知相联，指向性是面向未来的。凤凰中心的意义和作用会慢慢地在整个历史发展的过程中显现出来。

精致化与场所意境

现代社会对人性化与精致化有着更高要求，建筑也是一样，怎样更细致地满足人的生活要求、怎样使得人和环境之间有更密切的关系呢，就是通过精致化设计与人性化的手段。凤凰中心最大的特点是借助新的技术进行更人性化的设计，创造的场所把人和自然拉得更近，同时更加精美、精确。人性化是指满足人的要求，而人的要求是动态的，总是在变的，这反映在建筑上应该是不规则、动态、流动的，所以建筑需要具有连续性、动态性。人不仅仅只是和建筑发生关系，还应该和周边环境发生关系，建筑应在人与环境之间作为媒介，把两者沟通在一起。实际上更高的要求是建筑能动，能同时满足人、环境的要求，把这些东西都融合到一起，这是建筑师们在20世纪90年代一直追求的理想，但是，当时限于技术只是局部象征性地实现了。

今天凤凰中心真正地实现了把人的动态和环境结合在一起的目标，实现了一种新的建筑，这涉及一个非常熟悉的词汇——场所精神。参观凤凰中心时，我有意识地去体验与观察，从街道上看凤凰中心，虽然建筑的实际高度并不是很低，但是它跟公园、流动的交通、马路拐角之间很融洽，人从旁边走的时候不觉得它突兀。如果设想把这个建筑变成一个特高的体量，会感觉它离你很远，但是凤凰中心是圆润的，同时你会感觉它和你距离很近，为什么呢？是因为使用的连续性曲面给了人一种亲近感。这个是一种你所能够体验到的，在脑中能够显现的，用现象学的理论来解释，就是当人体验时，建筑师的预设模式能够使人的知觉产生陷入的感觉，从而使人们感到愉悦。当你走进凤凰中心时，会发现人和公园是密切联系的，时不时就可以看到外面的水、树、阴影，看到自然、人和环境之间并没有因为建筑而隔离开，而是融在一块的。从这个角度讲，这个设计从建筑学一般的层面来说是一个极好的示范，人和自然、和环境，到底如何设计，才能融为一体。

这其实就是场所精神的问题，凤凰中心的场所精神很简单，就是弧线弧面、动态变化的不规则日影、弯曲的道路、流动的车流、自然的树木等元素构筑出了自由、轻松、流畅的气氛，你在建筑里面，不会感觉到和自然脱离开。所以凤凰中心的设计很好地回答了20世纪90年代我们探讨的理论问题——场所精神。场所精神是西方人的说法，中国人把它称作"意境"，中国的园林其实就讲究这么一种"意境"及体验的营造，其实是在追求融入特定场所的一种感觉。

形式与建构理论

凤凰中心的建筑设计对建构理论问题有了新的突破，它的最终形式最高程度地表现了结构关系以及材料的构造逻辑。美国建筑学者弗兰姆普敦研究了20世纪众多建筑大师的建筑作品，提出了"诗意的建造"思想，即建筑建构的核心在于其形式是自然美的流露、非做作的，是结构的受力关系以及材料的构造逻辑的自然表现。这个理论对于中国建筑师在20世纪90年代向现代建筑跨越的时候是很重要的思想武器，使得中国建筑师摆脱了形式主义，而追求一种真实的建筑表现。但那时对建构的追求仅仅是从传统的角度去寻找一种诗意，只适合传统而小尺度的建筑，不能真正表现当代建构的真谛，或者说建构最崇高的理想还没有得以实现，包括弗兰姆普敦曾提及的安藤忠雄、卡洛·斯卡帕等人，建筑师仅是通过注入情感表现了很有限的建构逻辑与理想。

但是，建构思想在凤凰中心这个建筑上得到了充分的表现。这一点其实非常明显，在凤凰中心这个建筑上，交叉结构就是一种表现形式，其结构和幕墙的关系等也直接清晰地反映在建筑的直观形式上。从建筑学角度，这是一种新的解释与示范，即在当代应该如何实现建构精神。凤凰中心作为当下中国建筑师在建构理论问题上的突破，反而是西方建筑师所没有做到的。很多西方建筑师虽然用的是数字技术，但是他们没有建构的思想，建筑形式表现含混不清，流于形式表面。

科学化的建筑设计建造方法

回到凤凰中心对建筑行业的影响，凤凰中心的设计建造过程探索了一条科学化的建筑设计建造之路。数字技术本身其核心就是科学，参数化设计的中心内容就是有一个参数模型，有一个关系，把这个关系作为核心，参数的信息可以变，其输出的结果也是可以变的。这对建筑师特别重要，因为在不同的阶段、不同的经济条件、不同的甲方，建筑设计的要求总是在变，参数化的平台最大的特点是建立了模型以后，只要输入的信息变化，通过模型的计算结果就可以随之而变，并及时输出，这是这个平台的优越性。参数化设计带来的另外一个好处是，加工和施工变得容易了，信息传递的方式完全是数字化的。这包含两层含义：一是可控，建筑师对加工变得可控，因为加工的文件就是设计的文件；第二个就是更精确，从一个环节到另外一个环节信息直接传递。从另一角度来看，对建筑师来说这是一大历史使命，运用这一方法实际上是在推动一个产业，推动加工及建造业的升级。中国的加工制造业挺落后的，尤其是建筑的加工业基本上还离不开人工密集型的劳动，靠大量人力物力的投入；同时，当前人工劳动力成本的大幅提高，迫使企业开始用机器替代人力，自动化、数控化可以使管理及成本低得多，这将促使大量企业转型。凤凰中心的设计建造探索其实是向着数字设计及智能建造方向发展的，从这一点上看，建筑师正在带动着加工及施工业的产业链升级。但建筑师的能力是有限的，需要甲方具有远见卓识，如SOHO中国、凤凰卫视等，他们可能没有深刻地认识到这是在推动产业升级，但是他们确实做了一件推动建筑产业发展的事。凤凰中心的建成说明中国的数字设计、数控加工及施工，已经站在了世界的前列，在凤凰中心建成之前，世界上还没有这么大规模的建筑建成，毫不夸张地说，凤凰中心是个里程碑，不光是对中国建筑，而且是对世界建筑的数字设计、加工、建造领域来说的。凤凰中心现在已经创造了一系列的专利，技术级别绝对世界领先。我从2003年底开始研究数字建筑10年，也一直很关注凤凰中心，对它的一些细节都比较了解。我非常赞同这些宝贵的信息与经验要传播，让中国建筑师能够得到一手的经验，形成一套新的科学设计方法。其实这个方法已经形成了，从生形开始，通过算法软件对这个形体进行几何关系的控制，然后如何把它进行优化，进而控制建筑、结构及其他专业之间的横向联系，并进一步建立和下游相关产业的关系。凤凰中心对建筑设计行业本身的价值是建立了以数字技术为基础的设计平台，其设计的方法和经验启发和推动了整个行业的升级；同时这个工程案例给加工及施工企业的转型提供了示范。

徐卫国

清华大学建筑学院教授

本书前言

凤凰中心是凤凰卫视在北京的总部，它是在中国城市发展最为迅猛的时代背景下设计并建造完成的。凤凰中心是一个完全由本土建筑师独立创作和实施完成的作品，业主开放、包容与创新的媒体精神，为建筑设计的创意注入灵感，基于数字科技支撑，通过独特的创意和高质量的设计控制，打造了一个开放和面向未来的城市地标。凤凰中心设计凝聚了团队多年心血。它是设计师智慧与现代数字科技结合的产物。

数字科技和信息化革命在过去几十年里极大地影响了人类的生活方式和思维方式。同样数字科技也极大地影响了今天建筑的发展，它不但让建筑在表达上达到了空前的水平，更重要的是它改变了传统的设计方法和建造模式，带来了更丰富、更激动人心的建筑美学形式。为建筑在品质控制、产品加工与建造方面提供了前所未有的可能。在建筑学领域数字科技的使用，改变我们对空间、技术、材料、形式的认知，改变了对建筑学的许多惯性思维。

数字科技与设计创新

凤凰中心尝试探索一种全新的设计方法，诠释我们对当代建筑的新理解。在多方面营造出具有创新意义的建筑价值。有界无边的莫比乌斯环拓扑创意，消除了传统建筑空间中的平直正交特征，使建筑以360°连续的界面与城市公共空间形成和谐关系，巧妙地与街道和公园景色融为一体。

设计摆脱了抽象形式设计的陋习，而是基于整体设计的理念和数字科技带来的强大控制力，全方位参与了形态几何、建造逻辑、美学体验在物质上的表达，创造了独一无二的技术体系和原创美学形式。这也是对传统建筑中诗意建构精神的弘扬。复杂几何系统的建立对凤凰中心高精度设计控制提供了极大的帮助，它不仅赋予建筑清晰的几何秩序，同时也是辅助建筑师对功能、美学、构造等复杂问题统筹思考、一体化解决的有效途径。

凤凰中心通过参数化设计、BIM模型和三维协同等新技术手段，应对了高难度技术的考验。并在建筑体系创新、数字建造控制等多个技术环节，结合建筑业及项目自身条件进行了多项技术创新，凤凰中心为数字建筑学发展提供了新范式。

数字科技与精确建造

建筑业由于其自身的特性，相对于高端制造业一直处于较为粗放的状态。定制、工期、成本压力形成了这个行业特征，无法改变。而数字时代的到来，有可能改变建筑业的弱点，凤凰中心通过数字科技为高质量建造提供了成功的案例。

为了更好地表现莫比乌斯环连续扭动的形体特征，定制打造了全新结构体系——双向叠合网格结构。使建筑外壳结构不仅成为一件具有结构美学表现力的艺术品，而且成为幕墙体系的一个有机组成部分，为克服复杂建筑表皮设计中的自由曲面弥合问题创造了机会。

通过软件编程对复杂的体型表面弥合进行了逻辑建构，3000多个尺寸各异的鳞片单元均由加工厂家通过全数字手段进行设计深化、加工和安装，开创了幕墙全数字建造的记录。鳞片单元与单向流畅结构曲线构成的表皮肌理，质感丰富，表现出凤凰中心建筑所独有的连续流畅与简洁统一。

建筑师在项目中承担着设计总控的角色，利用数字信息模型为工程的每一个技术环节把关，将设计深化、施工、部品加工制造进行统筹协调，让设计方、工程施工方、建筑产品制造方在同一平台和相同标准上进行工作。同时建立数字信息库，通过数据的无缝对接实现工程各环节协作，并将设计信息精确地传递给下游加工制造企业，实现了高质量的建筑语言与美学形式，使得最终的建筑作品具有更高的整体性，控制等级达到了高精制造业，如汽车、航空航天领域的等级。凤凰中心实现了多项建造工艺的突破，带动了国内建筑产业的数字化升级。

数字科技与建筑新美学

　　马国馨院士在为凤凰中心撰文中提到：建筑作为历史悠久的物质和文化产品，建筑的美学意义、标准两千年来不断被哲学家们所追问，而随着时代的变迁和科技的发展，人们对建筑美的认识和审美趣味也是不断发展变化，与时代同步的。

　　数字科技的兴起，为建筑美学找到了新的支撑点，呈现出一个全新的美学时代。凤凰中心通过高阶几何逻辑构建、数字控制下的技术体系创新营造出前所未有的美学价值，让科学和技术焕发出艺术的光芒。

　　为了体现凤凰传媒开放创新的理念，设计中植入大量对公众开放的参观体验空间，不经意中形成了一个极具开放性的体验环境。让建筑、环境和参与活动的公众形成自然交融的城市空间氛围。从而让凤凰中心从一个传统意义的媒体建筑演变成为一个面向公众开放的文化建筑。凤凰中心自工程竣工以来，几乎每天都在接待来自世界各地的访客，没有人不为建筑所具有的神奇魅力而惊叹。凤凰中心已经成为北京最具人气的时尚中心，世界和中国顶级的时尚品牌都选择凤凰中心作为他们的新品发布场所。许多世界级的设计大师也造访了凤凰中心，并在其中发表讲演。

凤凰中心的实践充分体现了科技在建筑学领域中所具有的创新潜力，以及对建筑文化与社会的意义，拓展了建筑学的美学边界和思想内涵。

数字科技与建筑的未来

基于数字科技，凤凰中心拥有大量与众不同的创新要素：全新的建筑语言、全新的空间感受、全新的艺术体验、全新的设计方法、全新的建造模式。数字科技让建筑实现了创作的自由和建造的精确。

凤凰中心成为当今数字建筑技术的世界级标杆。正如美国AIA协会会刊*Architect*杂志署名评论文章中指出"由中国本土建筑师主持完成的北京凤凰中心证明了中国建筑师登上国际舞台"，"发出了'中国制造'向'中国创造'模式转变的信号"，"意味着现代建筑创新的接力棒已经传递到中国人手中"。中国建筑设计获得如此高的评价，这在发达西方国家建筑界主导话语权的建筑师行业里是罕见的。时任联合国秘书长的潘基文在亲临建筑现场参观时曾感叹：凤凰中心让他看到了建筑的未来。

当社会向数字化新时代迈进的时候，建筑设计进一步趋向"个性化"定制，非标准定制的类型和深度将进一步飞跃。同样在建造领域，基于更加完善系统的数字模型，在人机协作下，各种类型及参数定义的构件单元均可实现个性化定制。造价、工期、工艺的局限降低后，建筑以更自由的形式和空间来回应环境和场所，通过更精确的数字手段控制和更智能的建造方式来实现自然、生态的高性能未来建筑。

数字技术为正在蓬勃发展中的中国建筑，提供了一次难得的进步机会。数字科技对于建筑不只是一种时尚，更是一种设计的态度，一种建筑思想的进步。

凤凰中心作为一个规模不大的建筑项目，有幸成为由丁烈云院士领衔主编的《数字建造》丛书的实践案例编辑出版深感荣幸，也希望有关凤凰中心数字设计与建造的思考和实践经验能为正在蒸蒸日上的中国建筑业高质量发展提供帮助。

邵韦平

北京市建筑设计研究院有限公司总建筑师

北京市建筑设计研究院有限公司创作工作室主任

北京市信息化建筑设计与建造工程技术研究中心主任

目录│Contents

第4章 基于数字技术的表皮幕墙系统

第5章 基于数字技术的内幕墙系统

第6章 面向建筑的未来

附　录

索　引

后　记

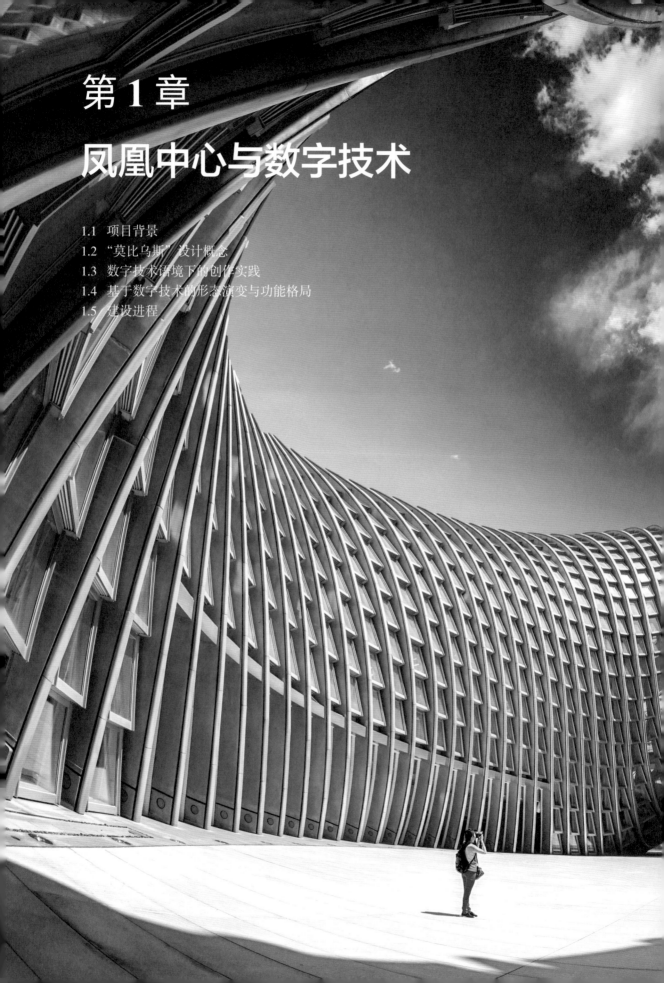

第 1 章
凤凰中心与数字技术

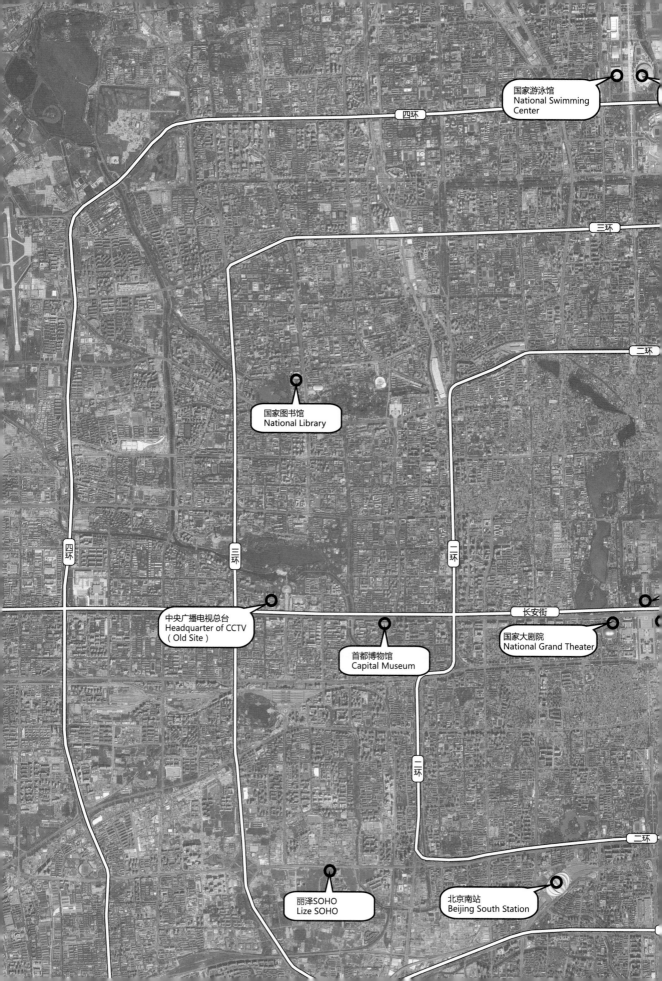

国家游泳馆
National Swimming
Center

四环

三环

二环

国家图书馆
National Library

四环

三环

二环

中央广播电视总台
Headquarter of CCTV
（Old Site）

长安街

国家大剧院
National Grand Theater

首都博物馆
Capital Museum

二环

二环

丽泽SOHO
Lize SOHO

北京南站
Beijing South Station

体育馆
onal Stadium

望京SOHO
Wangjing SOHO

朝阳公园
Chaoyang Park

新保利大厦
New Poly Plaza

凤凰中心
Phoenix Center

CBD
CBD Area

银河SOHO
Galaxy SOHO

中央电视台总部大楼
Headquarter of CCTV

天安门
Tian'anmen

中信大厦
CITIC Tower

国家博物馆
National Museum

北京电视中心
Headquarter of BTV

二环

三环

二环

四环

五环

1.1 项目背景

1.1.1 项目位置

凤凰中心位于北京市东北三环与四环之间，朝阳公园西南角，南侧可眺望不断更新中的北京CBD，东侧和北侧紧邻朝阳公园不可复制的生态景观。随着北京CBD新一轮发展，位于CBD后花园位置的朝阳公园越发显示出了其优越、稀缺的区位优势。

建筑用地北侧坐落着20层高的北京早期高端住宅，东侧为朝阳公园开阔的湖面树影，从西侧到南侧被不规则的城市道路所围绕（图1-1）。

场地蕴含的线索成为了设计的开端。建筑应当削弱方向感，让圆润模糊的形态来适应城市街区与自然形态的特点，成为朝阳公园乃至北京市的一处和谐的城市"景观"。与环境对话，才会真正让建筑扎根于城市场所之中。

图1-1 凤凰中心所在周边环境

❶ —城市道路 ❷ —高端住宅

❸ —朝阳公园

1.1.2 项目定位

凤凰卫视是全球最有影响力的华语媒体之一，其节目已经覆盖亚太、欧美、北非等75个国家和地区（图1-2）。凤凰中心是凤凰卫视在北京的总部，建成后将实现凤凰卫视在中国内地的资源整合，与凤凰卫视中国香港总部遥相呼应。

图1-2　凤凰卫视定位（组图）

1.1.3 文化传承

凤凰卫视以"创新、开放、融合"为企业核心价值，是连接全球华人的信息纽带。凤凰卫视以抽象的凤凰交融的形象为台标，凤为阳、凰为阴，在东西方意识形态之间，取得微妙的平衡，展示了开放媒体的姿态（图1-3）。

图1-3　凤凰卫视Logo

1.2 "莫比乌斯"设计概念

莫比乌斯环的设计理念并非是为了给建筑找到某种附会的形式符号，而是希望将莫比乌斯中的深层次含义——基于中国文化中的"阴阳相生"的世界观，与当下最具时代感的"拓扑空间"塑形手法相结合；将中国文化的本质，以国际前沿的空间与技术手段加以阐释（图1-4）。

莫比乌斯正反相接、周而复始的形态特征也与凤凰卫视"创新、开放、融合"的企业文化相呼应。

凤凰中心借助莫比乌斯理念塑造的连续形态，将高耸的办公主楼和低矮的演播裙房统合为一个整体，在连续的屋面和两座功能体之间形成大量的公共空间——这是设计创意对未来公共活动机会的贡献。

传统
周而复始阴阳相生

将中华文化的本质，以国际前沿的空间与技术手段加以阐释

未来
拓扑空间造型手法

图1-4 莫比乌斯环设计理念

1.3 数字技术语境下的创作实践

适合弯扭的钢和铝板整合为实体幕墙部分，8000m长的钢结构肋顺应由高阶曲线限定的路径，精确地勾勒出复杂的建筑几何形态，其旋转角度、空间位置、落地支座无一相同。位于实体幕墙之间的玻璃幕墙部分由3180块玻璃幕墙单元构成，所有单元包含的数十万构件，沿着实体幕墙之间的缝隙连续展开，其尺寸、空间位置也无一相同。所有这些看似多样化的细部都被同一种组织逻辑所控制，受控的多样化不仅带来了传统建筑所不曾展现的丰富性，而且还从更深的、不可见的层面传达了建筑设计成果的复杂性。

瑞士联邦理工学院教授克里斯蒂安·克雷兹（Christian Kerez）评价：“这座建筑成为一种纯粹的形式，无论从上方、从下方、从侧面，甚至从道路上看，虽然有所差别，但都不会打破这一形式的连续。即便到了建筑外立面，这种连续的、无尽的钢肋运动也得到了延续——建筑师以序列的开窗构成了一种平面和对角运动交织的雕塑形态，虽与钢结构倾斜、弯曲的动态略有不同，却延续了相同的无限性。”同时，“外立面展现和传递了内部的空间逻辑，使外部结构成为内部结构逻辑的纯粹结果。”凤凰中心体现了当下最前沿的建筑设计控制技艺赋予设计师的创作自由，反映了充满张力的建筑秩序美。

柯布西耶曾说过，建筑是一种意志力的体现，设计就是要创造一种秩序。我们一直觉得这样的话语对于我们在目前背景下做建筑仍然是实用的。在凤凰中心项目中，我们就是要用一种更先进的手段为建筑制定一种秩序，使建筑更加符合人的需求，更加满足一种整体化对美的需要，这也是我们对凤凰中心建筑的理解。

1.4 基于数字技术的形态演变与功能格局

1.4.1 建筑形态的演变过程

自2007年6月投标时，设计师对于基本的功能布局已经有了明确的认知。但凤凰中心的形态研究及方案深化过程却长达1年半（图1-5）。

图1-5 建筑形态演变过程（组图）

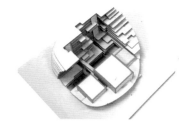

投标方案：通过场地、功能的理性分析，确定了建筑南高北低的布局：办公楼位于南侧，具有较好的采光，演播楼布置在北侧，建筑的外轮廓与曲线的道路转角和自然的公园进行呼应，南北楼之间围合出中央广场

1：50

方案深化：结构与表皮划分
建筑形态确定之后，建立了系统性的深化设计策略，包括搭建数字化设计平台，建立建构逻辑体系，对结构、表皮的设计进行大量的研究并寻求突破，最终确定了"双向叠合网格"结构体系和"单向折板"幕墙体系的设计策略

1：100 景观

方案深化：结构与构造的合理性
利用数字技术，对建筑构件设计与建造进行精确化控制，并对各相关专业进行深入的设计控制。采用整体性工程控制方法，通过建筑信息模型将工程各环节高度整合控制

1：20

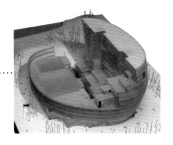

1：500

投标方案：对功能与布局进行深化研究，
尝试用圆润的外形呼应自然的场地环境，
同时用一体化的语言对高低不同的建筑空
间进行统一

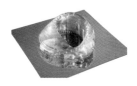

方案深化：莫比乌斯环概念的产生
用一个完整圆润的体量将高低建筑空间完整地形
成一个整体，生成了最初的凤凰中心"莫比乌斯"
形体

1：200

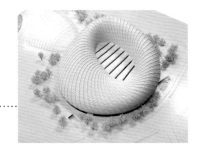

2013

1.4.2 建筑功能构成与格局

办公用房和演播室是演播类建筑的两大功能需求（图1-6、图1-7）。凤凰中心打破传统设计中高耸的办公主楼和低矮的演播裙房直接结合在一起的做法，将形态差异不同的两大功能体量，统合在一个连续的屋面之下。在钢结构外壳和主体建筑之间形成了大量丰富的公共空间，这些公共空间为未来的开放运营创造了机会。

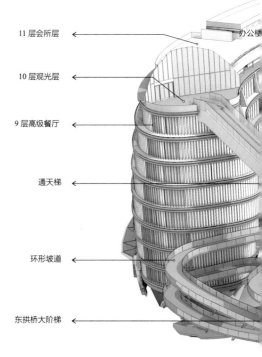

11层会所层　　　　　　　　办公楼
10层观光层
9层高级餐厅
通天梯
环形坡道
东拱桥大阶梯

图1-6　凤凰中心功能构成与格局

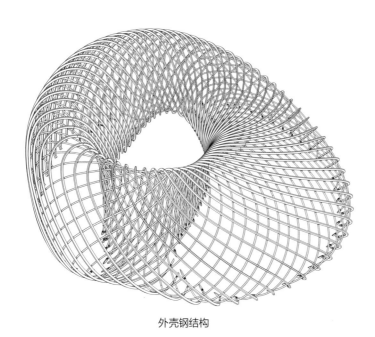

外壳钢结构

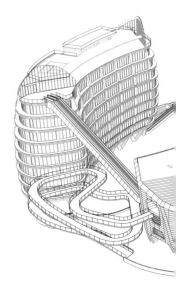

办公用房和演播楼

图1-7　凤凰中心钢结构外壳和内部两大功能体量

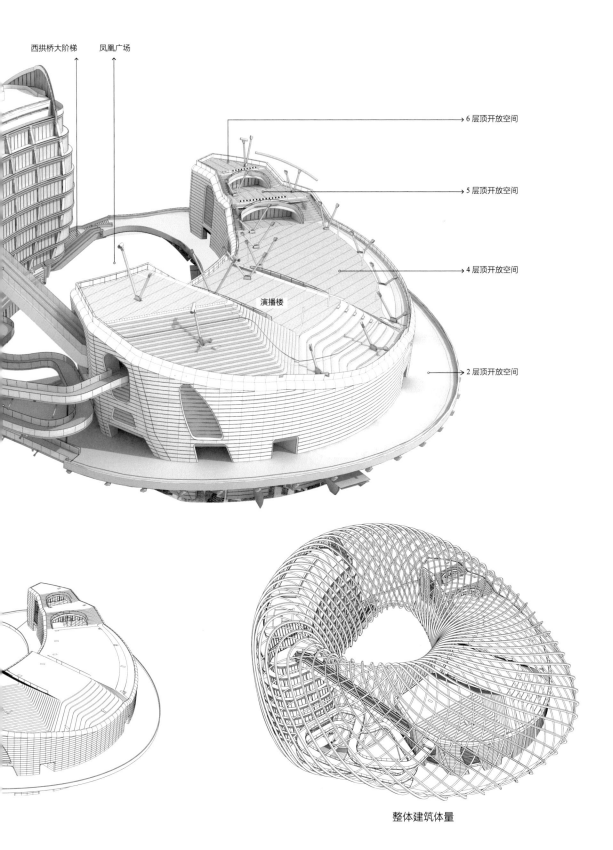

西拱桥大阶梯　　凤凰广场

→ 6 层顶开放空间

→ 5 层顶开放空间

→ 4 层顶开放空间

演播楼

→ 2 层顶开放空间

整体建筑体量

图1-8 凤凰中心六个典型剖面（组图）

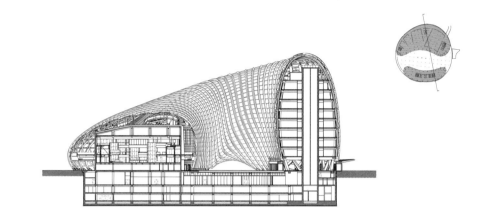

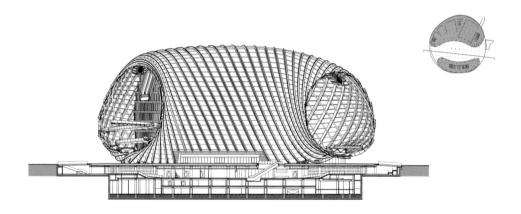

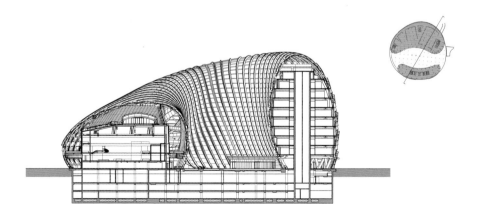

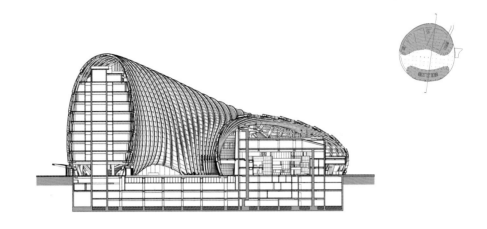

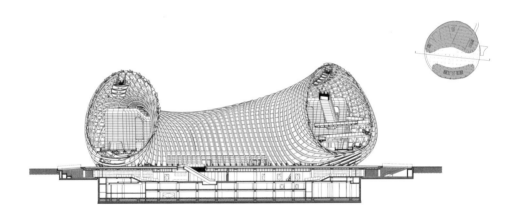

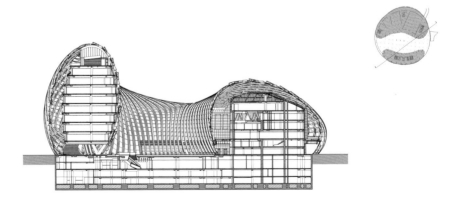

1.4.3 剖面序列

飞舞的钢肋扭转伸展，既是柱，也是梁，亦是屋架，分不清起点和终点；近4000个幕墙单元层层叠叠，相似却不同；凤凰中心连续的空间边界，或高耸，或狭长，步移景异。看似自由的创作，并非无拘无束，而是在一系列异常严格的逻辑控制下，来表现一种打破常规的当代建筑美。沿建筑环形轴网剖切出的96个剖面，形成连续变化的序列（图1-8、图1-9）。

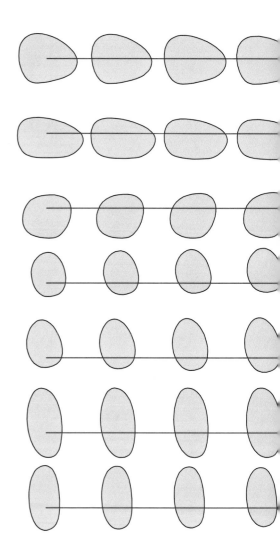

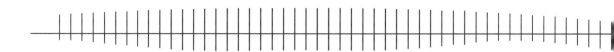

图1-9 凤凰中心连续变化的剖面序列（组图）

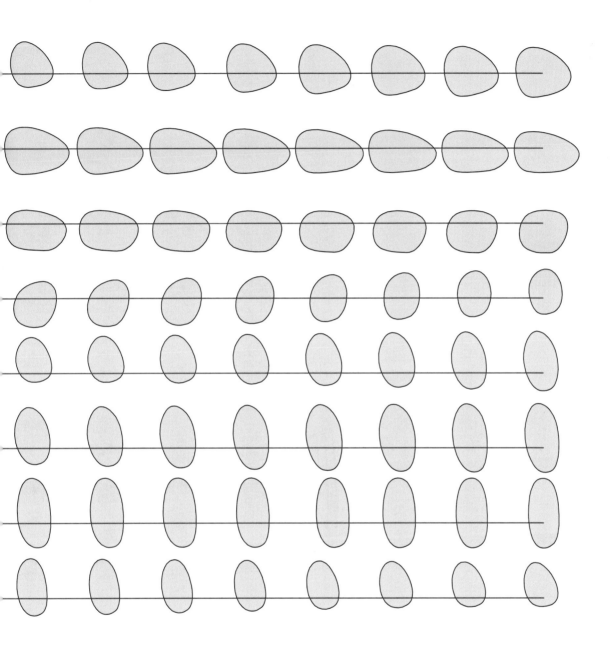

1.4.4 主要图纸

参见图1-10～图1-19。

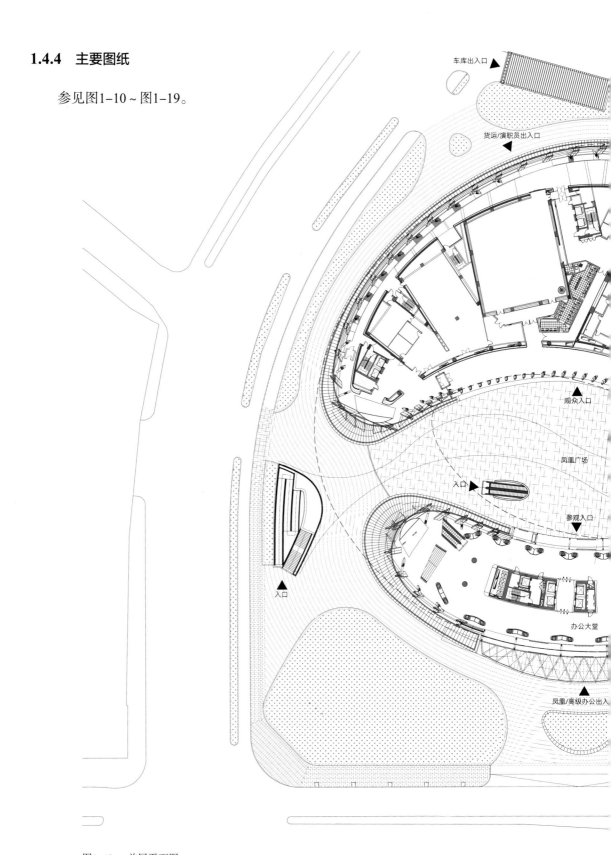

图1-10 首层平面图

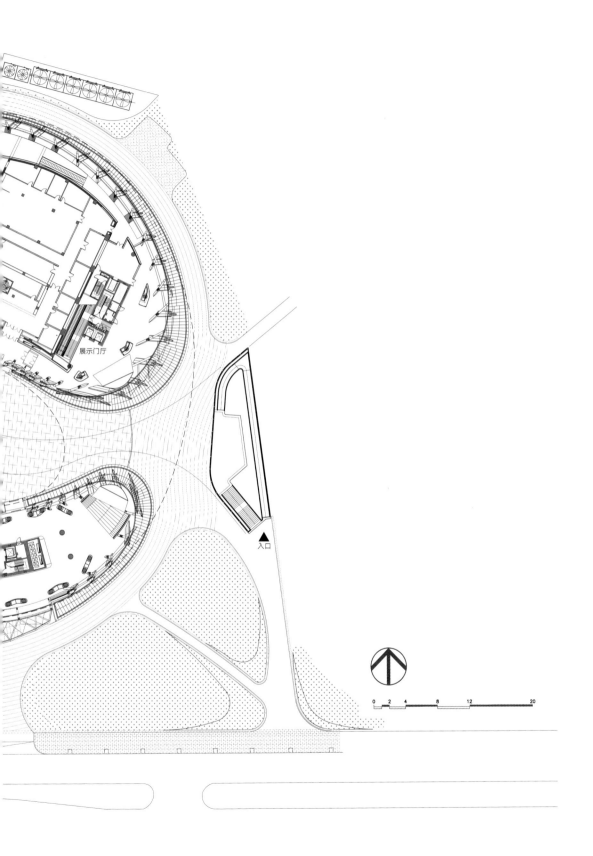

展示门厅

入口

0 2 4 8 12 20

图1-11 地下二层平面图

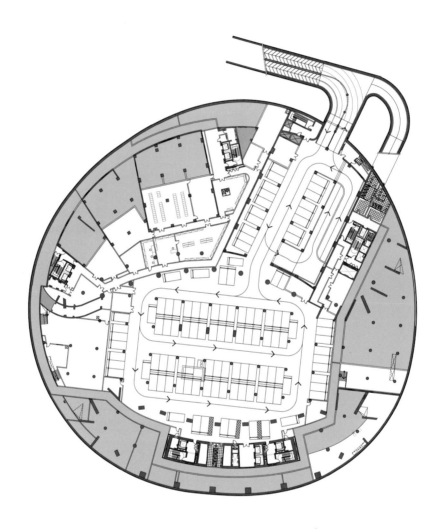

图1-12 地下一层平面图

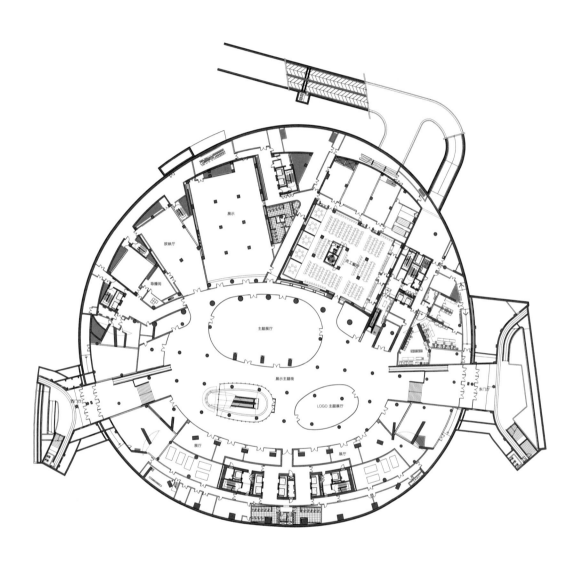

图1-13　二层平面图

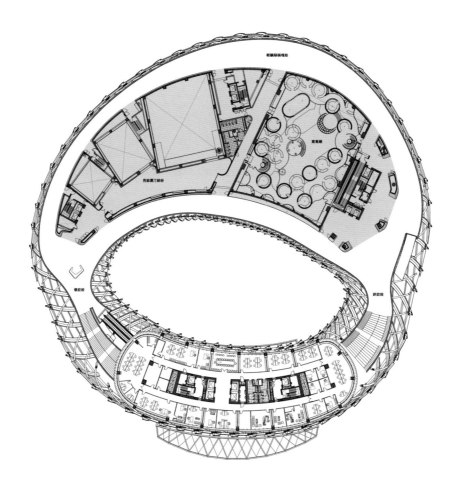

图1-14 五层平面图

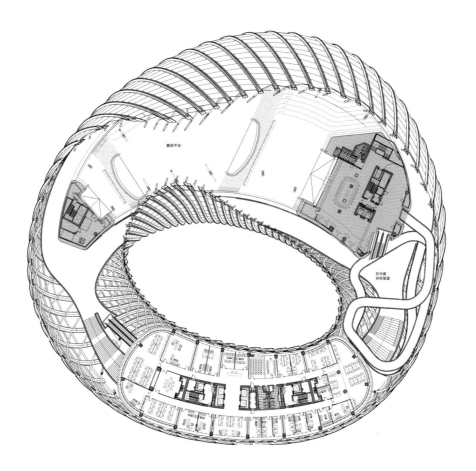

图1-15　十一层平面图

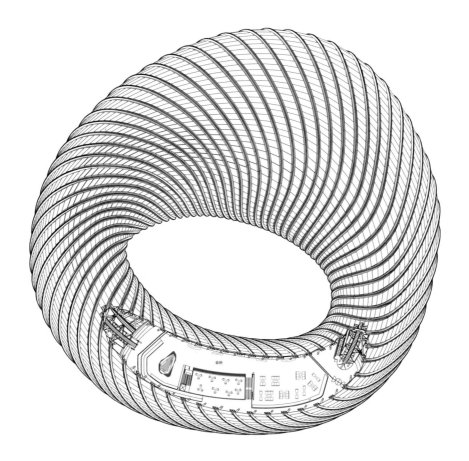

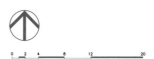

图1-16 屋顶层平面图

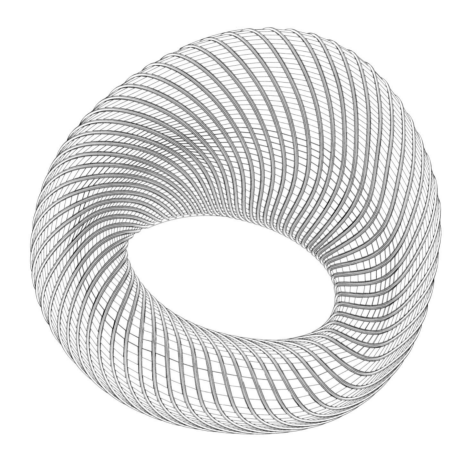

图1-17　南北剖面图

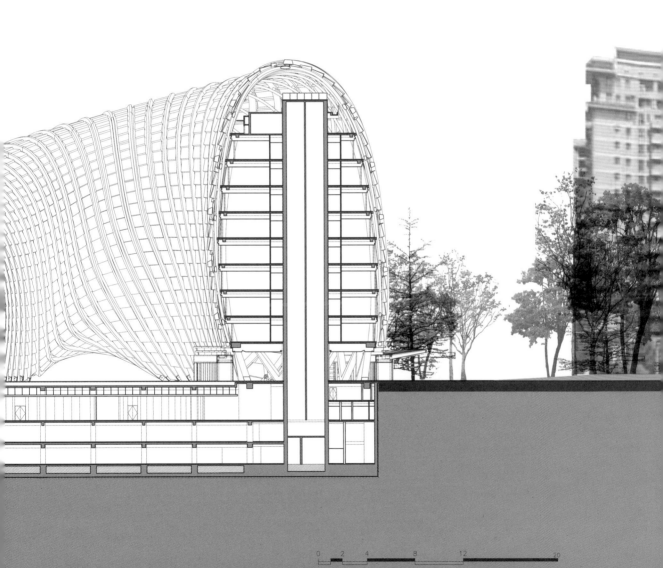

0 2 4   8   12   20

图1-18　东西剖面图

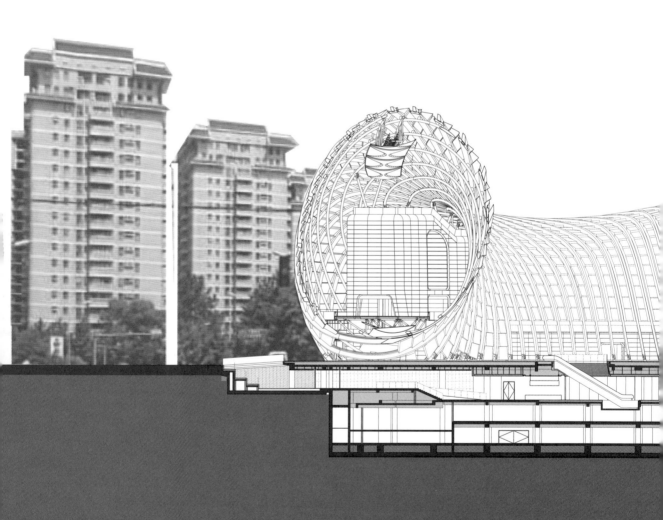

图1-19　各方向立面图（组图）

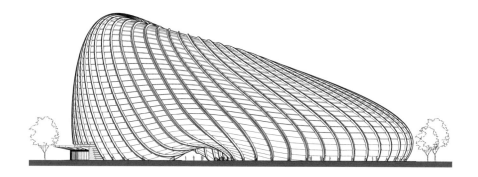

东立面图

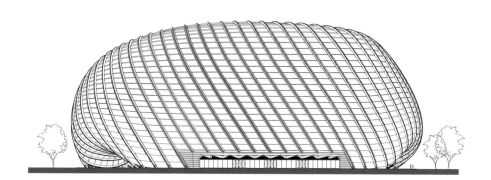

南立面图

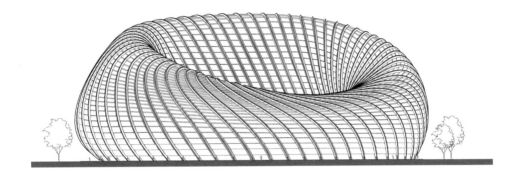

北立面图

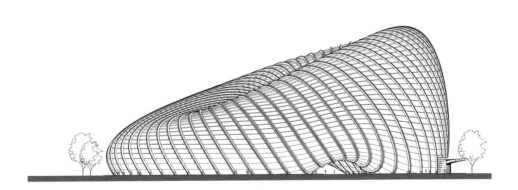

西立面图

1.5 建设进程

参见图1-20。

2007年7月29日

2008年8月18日

2008年9月26日

2008年10月8日

2008年12月19日

2008年12月20日

2009年2月20日

2009年5月8日

2009年9月20日

2009年10月30日

2010年3月16日

2010年5月5日

2010年7月6日

2010年10月18日

2010年12月8日

2011年2月28日

2011年4月22日

2011年5月15日

2011年12月16日

2007　2008　2009　2010　2011

地下室施工完成　钢结构施工开始　钢结构施工完成　幕墙施工开始

图1-20　凤凰中心建设进程

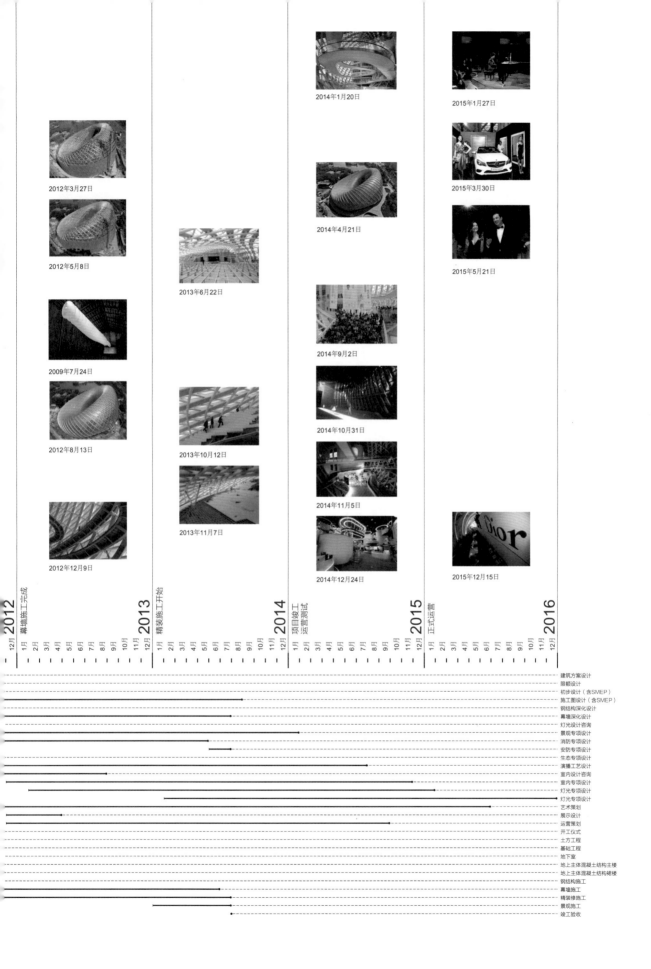

2014年1月20日

2015年1月27日

2012年3月27日

2012年5月8日

2014年4月21日

2015年3月30日

2013年6月22日

2009年7月24日

2015年5月21日

2014年9月2日

2012年8月13日

2013年10月12日

2014年10月31日

2014年11月5日

2013年11月7日

2012年12月9日

2014年12月24日

2015年12月15日

2012 | 2013 | 2014 | 2015 | 2016

幕墙施工完成

精装施工开始

项目竣工
运营测试

正式运营

12月 | 1月 2月 3月 4月 5月 6月 7月 8月 9月 10月 11月 12月 | 1月 2月 3月 4月 5月 6月 7月 8月 9月 10月 11月 12月 | 1月 2月 3月 4月 5月 6月 7月 8月 9月 10月 11月 12月 | 1月 2月 3月 4月 5月 6月 7月 8月 9月 10月 11月 12月 | 1月 2月 3月 4月 5月 6月 7月 8月 9月 10月 11月 12月

建筑方案设计
限额设计
初步设计（含SMEP）
施工图设计（含SMEP）
钢结构深化设计
幕墙深化设计
灯光设计咨询
景观专项设计
消防专项设计
安防专项设计
生态专项设计
演播工艺设计
室内设计咨询
室内专项设计
灯光专项设计
灯光专项设计
艺术策划
展示策划
运营策划
开工仪式
土方工程
基础工程
地下室
地上主体混凝土结构主楼
地上主体混凝土结构裙楼
钢结构施工
幕墙施工
精装修施工
景观施工
竣工验收

第 2 章
整体数字建构

2.1 建构开启现代主义建筑的新时代

建构是一种建造的技艺，这一观念在现代主义建筑中有着充分的发展和体现。现代建筑不仅与空间和抽象形式息息相关，而且也在同样至关重要的程度上与结构和建造血肉相连。而今，利用新的数字技术手段实现的复杂形态建筑相较现代主义是一种全新的建筑形式，在建筑技术跟随时代进步的同时，设计师更应传承传统的建构观，利用建构表现全新的建筑形式，使结构的逻辑、材料的特性以及构件几何关系相辅相成。可以说，复杂形态建筑的出现对建筑设计，尤其是建构设计提出了更高的设计需求。一方面，基本的建筑需求在现有的技术条件下应该更好地被尊重，如结构体系的安全合理性、使用功能的满足、人的舒适度、形式美的感受、最终建筑作品实施成果的品质等；另一方面，复杂形态建筑在自身的可建造性，以及各个建筑系统内在建构逻辑的统合性上，还存在诸多新的挑战。所以设计师有必要站在建筑全局角度，跨越专业领域的边界，建立完整的建筑控制框架，从建筑整体效果出发对建筑进行设计整合，不仅是使外在的形式美得以实现，更重要的是以形式美的技术策略创造出具有创新意义的建筑成果。

基于数字技术手段的建构理念带来了设计观念的突破，让设计师在设计上获得了前所未有的可能，产生了丰富和激动人心的建筑形态。它让建筑与环境更加融合，更贴近自然。利用整体建构理念使设计师可能选用多样化的表达方式去实现创意，极大地丰富建筑语言。基于数字技术的建构研究，让设计师的关注力不仅在于建筑的表面特征，而是深入到建筑系统的深层构成逻辑。设计师所面对的不仅是传统设计过程中数量有限的草图，囿于传统经验中的空间边界，而是包含多个建筑子系统的信息化模型。信息化模型是随设计过程不断生长、更新的生命体。具有可描述、可控制、可传递、可链接特征的数据信息在逻辑的张力下相互关联。即使是同样的建构逻辑，通过变换的参数调控，可以让设计师在相同的时间内，获得传统工作方法所不能企及的设计可能性。我们相信所有的建筑子系统应该在不断的调整中彼此适应，逐步稳定。我们不断寻求实现形态的复杂性、多样性和建造标准化代价之间的平衡。建构设计方法，让设计师在多样化的可能性的甄别和选择中，更接近理想和理性的彼岸。

2.2　设计实现的挑战

　　10年前，凤凰中心开始启动工程实践与研究的时候，国内整个建筑业对于数字技术还没有准确认知，更没有完整的、基于数字技术设计控制方法的工程经验。这座建筑特有的建筑创意为项目的技术深化提出了前所未有的挑战。

　　　　如何建立满足高精度建筑工程需求的信息技术平台及协作标准？
　　　　　如何实现工程各参与方之间高效的数据共享与传输？
　　　　如何解决高复杂度工程建筑多样性与建造标准化之间的矛盾？
　　　　　如何让传统建构理论在当前技术条件下实现突破和创新？

　　为了应对上述问题，我们提出了基于信息技术的，以建筑性能目标为导向的整体性设计控制方法，即基于整合的思想统筹解决各项工程技术问题。在工程推进过程中，建筑师承担了设计总承包的角色，利用具有时效性与唯一性的建筑信息模型对工程的设计深化、部品加工制造等各环节数据信息实时反馈，动态监控调整。实现了对结构、幕墙等系统的深度优化，首创了结构幕墙一体化的整体建构技术方案。实现了从设计行业到建造行业全过程信息流无缝传递的技术环节，驱动下游智能化数控加工。该项目通过长达7年的探索，解决了信息技术与建筑产业深度融合的难题，不仅达到了精细化控制设计质量的目的，而且带动下游加工企业协同创新，实现了建筑业向制造业加工精细等级的迈进，极大推进信息技术在建筑领域的应用。

2.3 以建筑性能目标为导向的整体性设计控制方法

2.3.1 整体性设计思想

凤凰中心引入整体性设计思想的概念，强调建筑是由多个系统交互关联形成的整体。在设计过程中，建筑各系统应处于不断调整、彼此联动的状态，直到达到一个共同适应的平衡点。每一个涉及单一系统的决策，均是基于整体评估而作出的。

凤凰中心的钢结构系统与幕墙系统通过一体化设计概念高度整合。结构柱（肋）首先具有承担荷载的功能，它从建筑基座一直延伸到建筑屋顶，又落回至基座，它是一条连续流畅的曲线包裹着建筑内部空间，如果按传统方式来定义，它既是柱，又是梁，同时还是屋架。

在结构功能之外，它还直接形成了建筑的外观形式特征，它是表皮的一部分，它的疏密、曲率、方向的变化形成了建筑的肌理特征。穿插于结构之间的部分是幕墙单元。它的几何形态与建构关系都与结构密不可分。结构和幕墙共同组成了建筑的表皮。在这样的体系中，结构与幕墙两个系统不再是绝对的结构或者幕墙，它们彼此的角色在互动中转换，直到在一个彼此都适应的状态下稳定（图2-1～图2-3）。

这种设计实践模式不是对现代主义模式的补充，也不是对立，而是对新的领域的探索。它指向未来，它为中国建筑的创作提供了一个积极的新方向。

图2-1 以青蛙机体类比整体性设计思想

肌肉系统

骨骼系统

神经系统

呼吸系统

图2-2 凤凰中心整体性设计思想贯穿整个设计过程（组图）

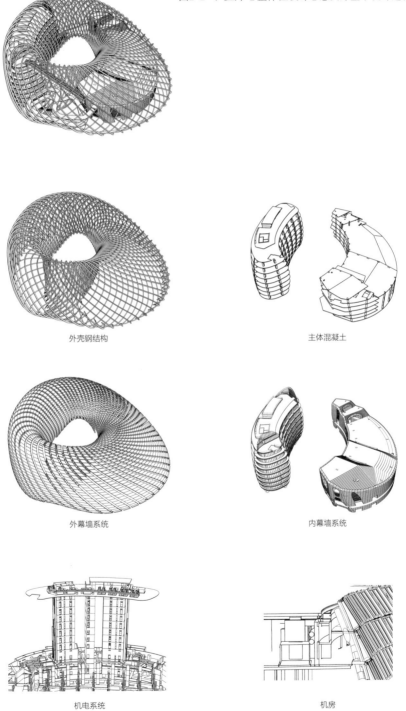

外壳钢结构

主体混凝土

外幕墙系统

内幕墙系统

机电系统

机房

整体性的设计思维模式关注建筑从设计到加工建造的全过程，而数字技术平台通过扩展控制边界和提高控制精度，为增强设计团队的控制力度提供了技术保障。在设计过程中，利用建筑信息模型，团队实现了信息的集成管理与模拟测算，进行形体、生态、热力学、消防、景观、灯光等各专项设计的深度控制，从而实现可视化的全面工程预判（图2-4）。同时，模型信息保持与建筑实践相同的建构逻辑，能够实现与后续深化加工、制造行业的传递、对接（图2-5）。

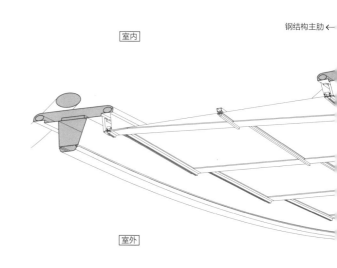

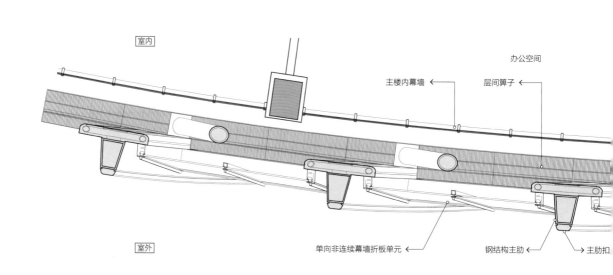

图2-3　凤凰中心钢结构系统与幕墙系统通过一体化设计高度整合

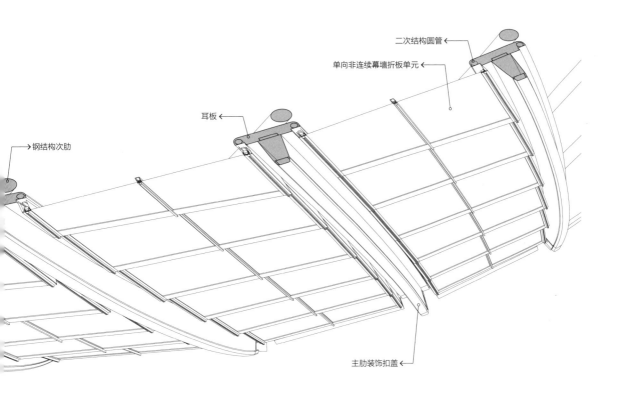

二次结构圆管 ←

单向非连续幕墙折板单元 ←

耳板 ←

→ 钢结构次肋

主肋装饰扣盖 ←

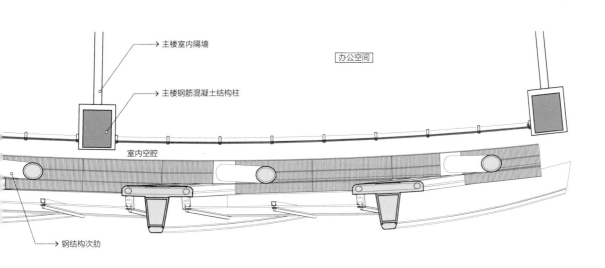

主楼室内隔墙 →

办公空间

主楼钢筋混凝土结构柱 →

室内空腔

→ 钢结构次肋

外壳钢结构系统的疏密变化直接形成了建筑的外观特征，并让幕墙
系统穿插于其间，与幕墙系统共同组成了建筑的表皮。这种系统之
间的协调和统合关系是在不断的设计调整过程中逐步稳定的

图2-4　利用建筑信息模型实现信息的集成管理与模拟测算（组图）

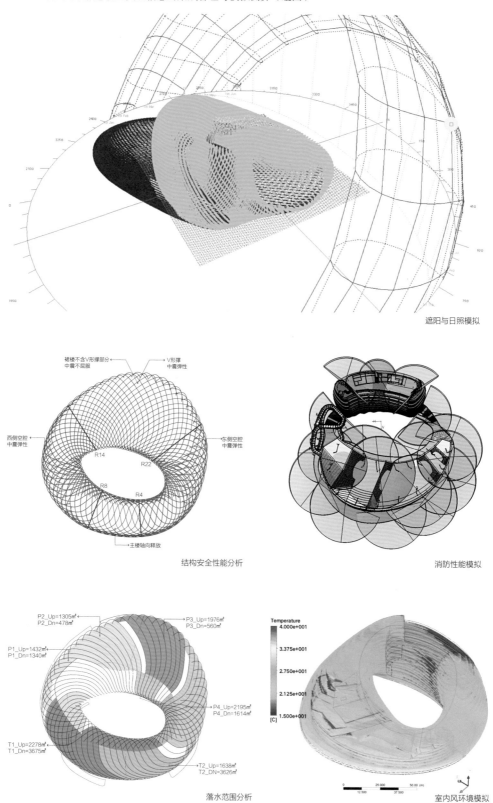

遮阳与日照模拟

结构安全性能分析

消防性能模拟

落水范围分析

室内风环境模拟

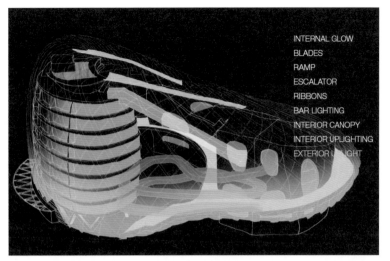

灯光系统模拟

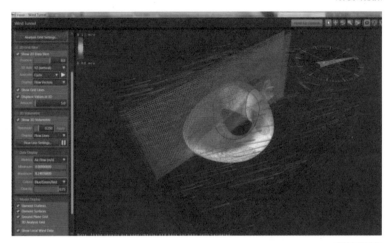

室外气流分析

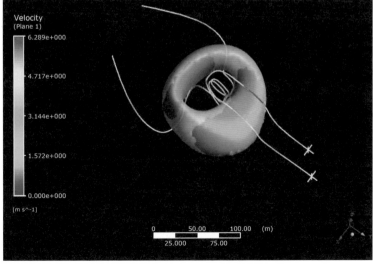

室外风环境模拟

图2-5 模型信息保持与建筑实践相同的建构逻辑（组图）

底层 V 字柱深化模型

底层 V 字柱施工实景照片

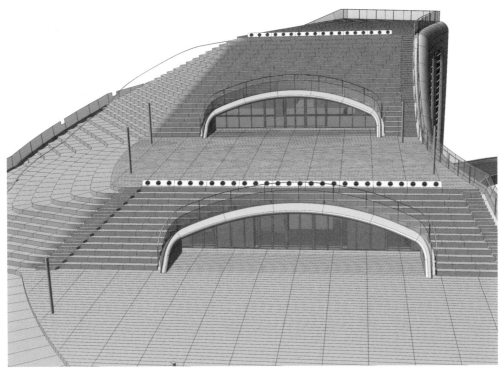

五层平台装修模型

五层平台装修施工实景照片

2.3.2　三维协同工作环境

三维协同工作环境为实现整体性设计思想创造了机遇。在国内凤凰中心首次构建了以设计师为核心的信息化团队，以Catia软件为平台，开创了全新的三维协同工作模式（图2-6～图2-10）。

团队编制了一套指导三维协同工作的标准《凤凰中心三维协同标准》，保证所有团队成员以同样的标准介入三维协同平台。团队还依据建造逻辑提出了基于"建筑系统化"的信息模型建构方式（表2-1、表2-2）。信息模型包括几何逻辑系统、室外工程系统、外围护系统、建筑系统、结构系统、设备系统、室内装饰等各大主系统。

每一主系统再根据需要划分为一级系统→二级系统（或构件）→……以此类推，直至划分到单一构件层级为止（几何逻辑系统除外）。此方式有效建立了完整划分和整合各系统设计工作边界的依据，不仅可满足不同系统设计工作成果的高效拆分和组装，而且可保障所有建筑系统均达到足够的设计深度。

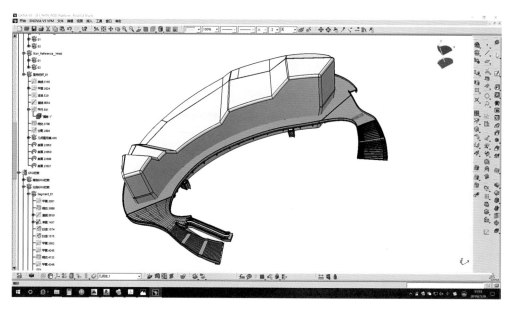

图2-6　以Catia软件为平台，开创全新的三维协同工作模式

凤凰中心基于"建筑系统化"的编码系统　　　表2-1

系统名称	英文名称	字母编码	数字编码
道路广场系统	Road and Plaza System	RP	11
竖向系统	Vertical System	VE	12
外线及构筑物系统	Pipeline and Structures System	PS	13
室外景观系统	Outdoor Landscape System	OL	14
室外消防系统	Outdoor FS System	OF	15
城市管廊系统	City Pipeline Tunnel System	PT	17
幕墙系统	Curtain Wall System	CW	21
屋面系统	Roofing System	RO	22
地基基础系统	Foundation System	FO	31
核心筒系统	Core System	CO	33
水平楼面结构系统	Horizontal Floor Structure System	HS	34
竖向结构系统	Vertical Structure System	VS	35
特殊结构系统	Special Structure System	SS	36
非承重墙系统	Non-load Bearing Wall System	NW	41
门窗系统	Door and Window System	DW	42
楼梯系统	Stair System	ST	43
电梯系统	Lift System	LI	44
自动扶梯系统	Escalator System	ES	45
汽车坡道系统	Garage Ramp System	GR	46
停车系统	Parking System	PK	48
物流系统	Logistic System	LO	49
卫生间系统	Bathroom System	BA	51
厨房系统	Kitchen System	KI	52
设备用房及井道系统	Equipment Room and Hoistway System	EH	53
楼面系统	Floor System	FL	54
吊顶系统	Ceiling System	CE	55
内墙饰面系统	Interior Cladding System	IC	56
栏杆隔断系统	Balustrade Partition System	BP	57
机电设施末端系统	MEP Facility Terminal System	FT	58
标识系统	Signage System	SI	61
家具系统	Furniture System	FU	62
照明系统	Lighting System	LT	63
艺术品系统	Work of Art System	WA	64
色彩系统	Color System	CL	65
消防系统	Fire System	FS	66
暖通系统	Heating and Ventilating AC System	HVAC	71
给水排水系统	Water Supply and Drainage System	WT	72
热力系统	Heating Power System	HP	73
燃气系统	Gas System	GA	74
强电系统	Electricity System	EL	81
弱电系统	Extra Low Voltage System	ELV	82
几何控制系统	Geometry Control System	GC	91

信息模型包括几何逻辑系统、室外工程系统、外围护系统、建筑系统、结构系统、设备系统、室内装饰等各大主系统，每一主系统再根据需要划分为一级系统→二级系统（或构件）→……以此类推，直至划分到单一构件层级为止。不同系统以英文缩写作为代码，便于数据库的管理及数据传递。

凤凰中心基于"建筑系统化"的各级系统划分　　　　表2-2

分类	一级系统	二级子系统（或构件）	分类	一级系统	二级子系统（或构件）
室外工程	道路广场系统	机动车道路系统	建筑	门窗系统	防火门
		汽车库出入口系统			防火卷帘门
		广场系统			普通窗
		人行道系统			百叶窗
		人行出入口系统		楼梯系统	疏散楼梯
		道路照明系统			钢梯
	外线及构筑物系统	室外给水系统		电梯系统	普通客梯
		室外中水系统			普通货梯
		室外污废水系统		汽车坡道系统	坡道
		室外雨水系统			卸货平台
		燃气系统		停车系统	
		室外热力系统		物流系统	垃圾收纳储运
		室外强电系统		卫生间系统	普通卫生间
		室外弱电系统			残疾人卫生间
	室外景观系统	种植系统			清洁间
		水景系统			茶水间
		景观喷灌系统			淋浴间
		景观照明系统		厨房系统	备餐间
		景观硬景系统			操作间
	室外消防系统	消防环路系统			粗加工
		消火栓系统		设备用房及井道系统	
		室外水泵接合器		楼面系统	楼面装修
外围护	幕墙系统	幕墙结构系统			楼面分格
		外饰面板系统		吊顶系统	
		门系统		内墙饰面系统	
		内饰面板系统		机电设施末端系统	
		隔热保温系统		标识系统	场地标识
		防水密闭系统			室内标识
		防火系统		家具系统	固定家具
		清洗系统			活动家具
		预埋件系统		照明系统	室内照明系统
		楼体照明系统		艺术品系统	
	屋面系统	设备基础		色彩系统	
		雨水口	设备	暖通	冷热源系统
		地下室外墙			空调水系统
	地基基础系统	桩基础			空调风系统
		筏板			通风系统
结构	核心筒系统	剪力墙		给水排水	生活给水系统
	水平楼面结构系统	混凝土梁			中水系统
		组合楼板			热水系统
		混凝土楼板			污废水系统
	竖向结构系统	钢框架柱			雨水系统
		混凝土框架柱			消防水系统
	钢结构系统	主次肋		强电系统	电力系统
	特殊结构系统	拱桥			照明系统
		环坡			防雷接地系统
		马道	电气	弱电系统	火灾报警及联动控制系统
	非承重墙系统	防火隔墙			电气火灾监控系统
		砌块墙			通信接入及综合布线系统
		轻钢龙骨内隔墙			有线电视及卫星电视系统
		特殊隔墙			建筑设备监控系统
		普通门			智能灯光系统
					会议系统
			属性	几何控制系统	基础控制系统
					结构控制系统
					表皮控制系统
					装修控制系统

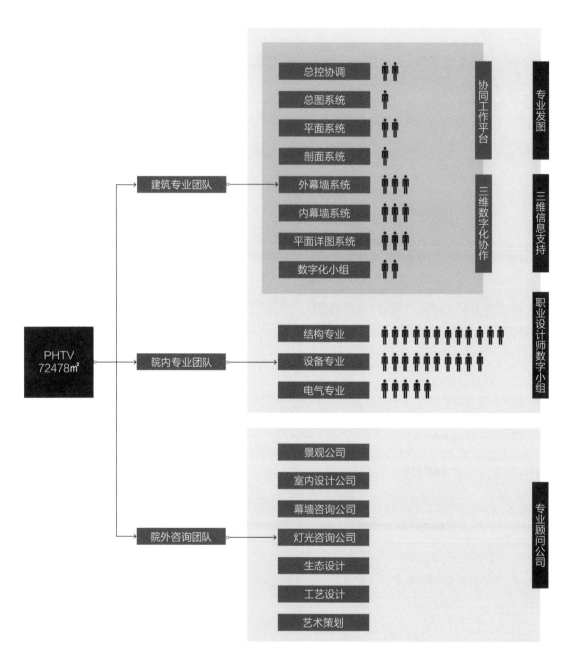

凤凰中心的项目团队一方面是能够掌握数字化软件，能够胜任复杂形体处理的建筑、结构、机电设计工作；另一方面，专业化的数字化工作由专业化的顾问公司提供专项咨询服务。此外，凤凰项目数字化设计团队中还包括后续深化设计阶段的数十个国内顶级生产厂商及设备厂商

图2-7　凤凰中心的团队构架

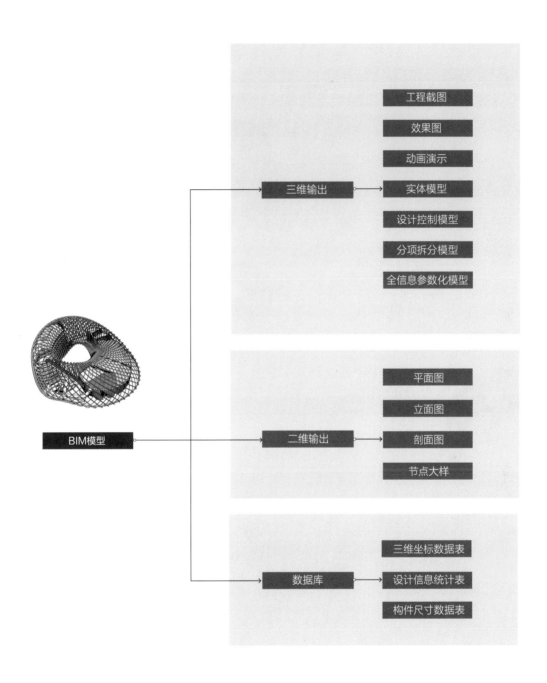

图2-8　凤凰中心建筑信息模型数字信息的可传递性

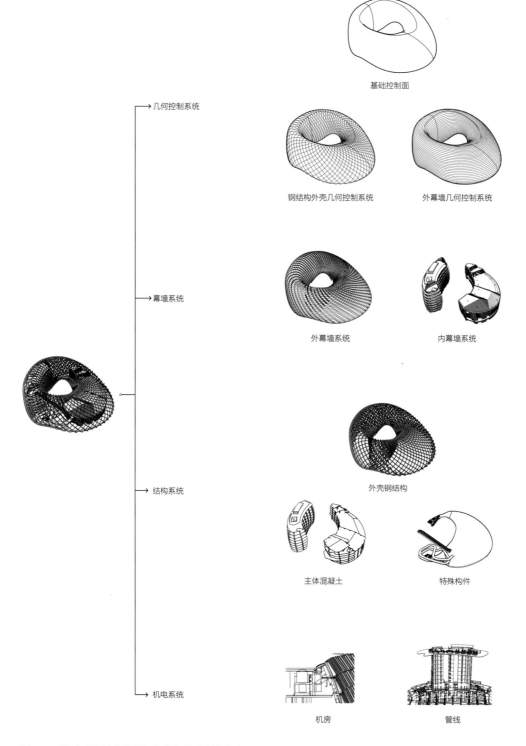

几何控制系统

基础控制面

钢结构外壳几何控制系统　　　　外幕墙几何控制系统

幕墙系统

外幕墙系统　　　　内幕墙系统

结构系统

外壳钢结构

主体混凝土　　　　特殊构件

机电系统

机房　　　　管线

图2-9　基于"建筑系统化"的信息模型建构方式

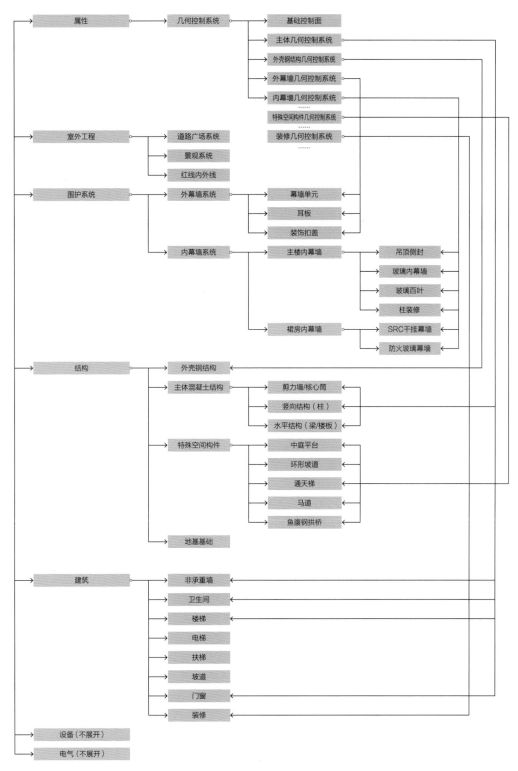

在三维协同设计工作模式下，在前期制定全面完善的设计标准非常必要和重要，而以建筑系统控制为主线，使得标准的制定可行、清晰、深入，指导设计高效高品质地开展

图2-10　几何逻辑控制系统与建筑实体构件系统的对应关系

2.3.3　数字化几何逻辑建构方式

针对高复杂度建筑工程所需要面临的、更高设计控制精度的要求，团队创新性地提出数字化几何逻辑建构的方式，利用数字语言对建筑各系统自身的生成规则进行描述并对各系统的关系进行关联定义。

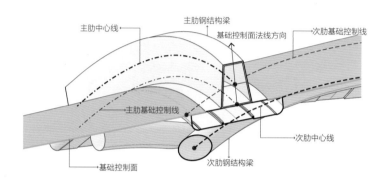

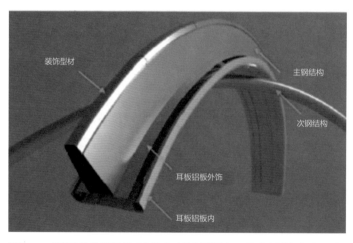

图2-11　钢结构构件根据其对应的基础控制线及相互关系法则生成（组图）

1. 数字化几何逻辑的概念及作用

与传统设计方法不同，复杂建筑无法通过二维轴线协调建筑墙、柱的平面相对关系进行设计，复杂建筑各建筑系统之间对定位"拼合"有着更严格的需求。构建数字化几何逻辑控制系统，就是利用数字技术精确描述各个建筑系统构件的生成规则，界定各个建筑系统构件的参照边界，以给设计全过程中，不同阶段、不同控制深度的各个建筑系统的"拼合"创造拼合定位的依据（图2-11、图2-12）。

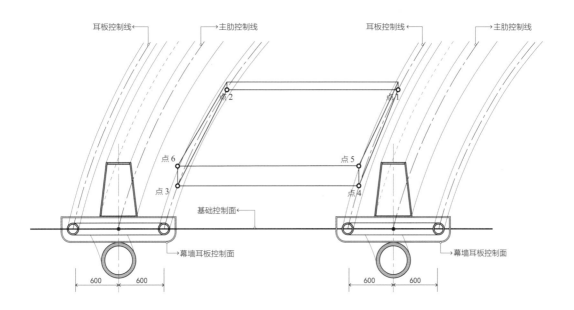

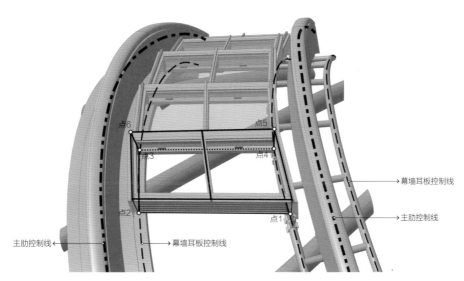

图2-12 幕墙基础构件及其附件根据其对应的基础控制线及相互关系法则生成（组图）

2. 基于"建筑系统"划分概念的数字化几何逻辑控制系统

数字化几何逻辑控制系统基于"建筑系统"划分概念产生，它不仅是"建筑系统"的一个子系统，而且由于其对于建筑设计控制的重要基石作用，被排在首要的位置。数字化几何逻辑控制系统是其他主要建筑系统衍生的基础，与其他"建筑系统"具有严格的一一对应关系（图2-13～图2-18）。

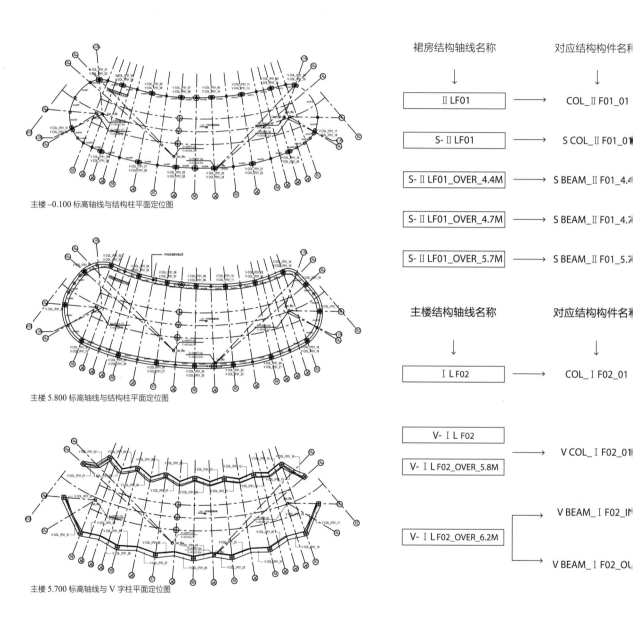

裙房结构轴线名称　　　　对应结构构件名称

↓　　　　　　　　　↓

Ⅱ LF01 ──────→ COL_Ⅱ F01_01

S- Ⅱ LF01 ──────→ S COL_Ⅱ F01_01

S- Ⅱ LF01_OVER_4.4M ──────→ S BEAM_Ⅱ F01_4.4M

S- Ⅱ LF01_OVER_4.7M ──────→ S BEAM_Ⅱ F01_4.7

S- Ⅱ LF01_OVER_5.7M ──────→ S BEAM_Ⅱ F01_5.7

主楼结构轴线名称　　　　对应结构构件名称

↓　　　　　　　　　↓

Ⅰ L F02 ──────→ COL_Ⅰ F02_01

V- Ⅰ L F02

V- Ⅰ L F02_OVER_5.8M ──────→ V COL_Ⅰ F02_01

V BEAM_Ⅰ F02_IN

V- Ⅰ L F02_OVER_6.2M

V BEAM_Ⅰ F02_OU

主楼 –0.100 标高轴线与结构柱平面定位图

主楼 5.800 标高轴线与结构柱平面定位图

主楼 5.700 标高轴线与 V 字柱平面定位图

图2-13　主体混凝土结构构件与数字化几何逻辑系统的对应关系（二维信息）（组图）

定位信息构件位置说明

↓

⟶ 裙房部分各层结构斜柱中心点定位线

⟶ 裙房开放空间特殊结构柱中心点定位线

⟶ 裙房开放空间4.4m标高结构挑梁边线

⟶ 裙房开放空间4.7m标高结构挑梁边线

⟶ 裙房开放空间5.7m标高结构弧梁中心线

构件定位信息说明

↓

⟶ 主楼部分二层以上
结构斜柱中心点定位线

⟶ 主楼开放空间首层
V字柱-0.1m标高中心点定位线

⟶ 主楼开放空间首层
V字柱5.8m标高中心点定位线

⟶ 主楼开放空间首层
顶板5.4~6.2m标高环梁内边线

⟶ 主楼开放空间首层
顶板5.4~6.2m标高环梁外边线

V-ⅠLF01_OVER 5.8m 轴线弧段编号	弧段数据名称	数据（m）
V-ILF01_OVER _5.8m.Arc001	Point1.X	509949.802
	Point1.Y	307458.020
	Point1.Z	5.800
	Point2.X	508953.437
	Point2.Y	307459.746
	Point2.Z	5.800
	MidPoint.X	509961.518
	MidPoint.Y	307459.097
	MidPoint.Z	5.800
	CenterPoint.X	509955.229
	CenterPoint.Y	307451.282
	CenterPoint.Z	5.800
	Radius	8.652
V-ILF01_OVER _5.8m.Arc002	Point1.X	509053.437
	Point1.Y	307459.746
	Point1.Z	5.800
	Point2.X	500957.459
	Point2.Y	307459.642
	Point2.Z	5.800
	MidPoint.X	500855.454
	MidPoint.Y	307459.931
	MidPoint.Z	5.800
	CenterPoint.X	500955.229
	CenterPoint.Y	307451.282
	CenterPoint.Z	5.800
	Radius	8.652
V-ILF01_OVER _5.8m.Arc003	Point1.X	509957.459
	Point1.Y	307459.642
	Point1.Z	5.800
	Point2.X	508961.343
	Point2.Y	307458.070
	Point2.Z	5.800
	MidPoint.X	509959.388
	MidPoint.Y	307458.825
	MidPoint.Z	5.800
	CenterPoint.X	509984.088
	CenterPoint.Y	307519.875
	CenterPoint.Z	5.800
	Radius	65.857

图2-14　主体混凝土结构构件与数字化几何逻辑系统的对应关系（三维信息）（组图）

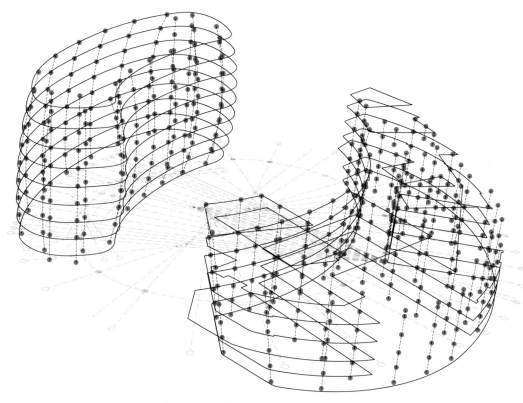

主体混凝土结构柱的基础控制线轨迹与始末端点

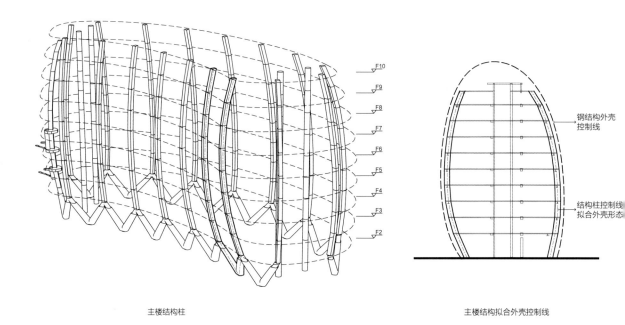

F10
F9
F8
F7
F6
F5
F4
F3
F2

钢结构外壳
控制线

结构柱控制线
拟合外壳形态

主楼结构柱

主楼结构拟合外壳控制线

图2-15　主楼结构柱几何控制信息及柱构件生成过程示意（组图）

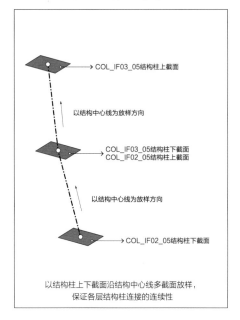

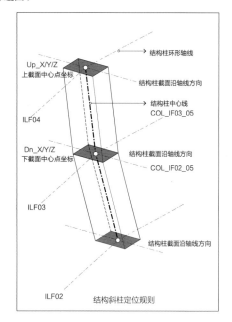

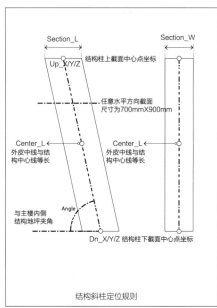

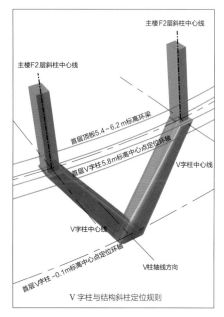

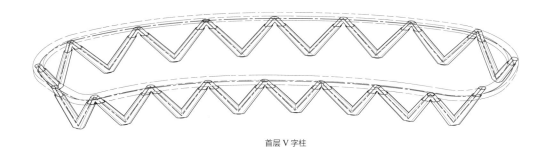

首层 V 字柱

图2-16　　　　　图2-17　　　　　图2-16　办公主楼混凝土结构施工
　　　　　　　　────────　图2-17　底层V字柱与上部环梁
　　　　　　　　图2-18　　　　　图2-18　底层V字钢柱基础节点

3. 基于参数化技术的数字化逻辑控制系统

参数化技术为几何控制系统的建构提供了灵活的控制途径。通过预设参数、调试参数的方式建构参数模型，在动态调整中稳定建筑信息模型理想的几何控制关系（图2-19）。

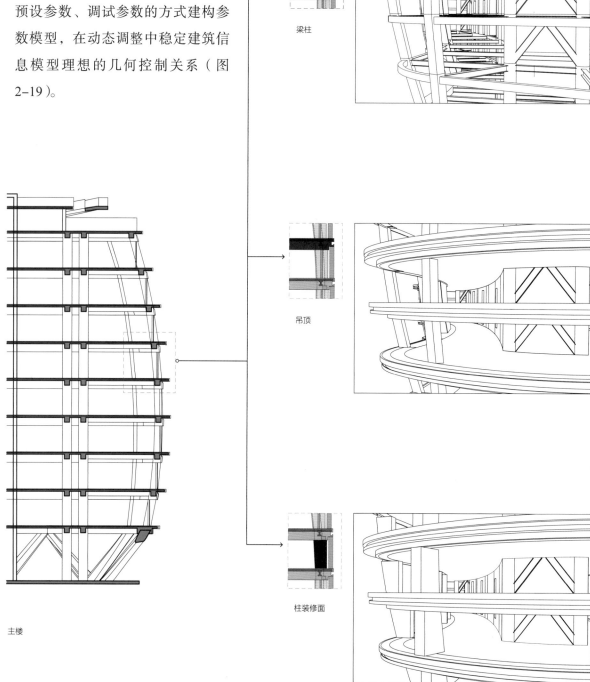

梁柱

吊顶

柱装修面

主楼

图2-19 主楼在三维数字模型的研究过程中的参数修正（组图）

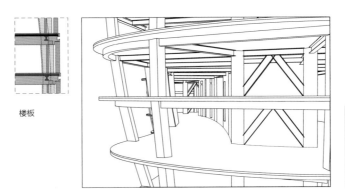

楼板

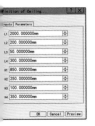

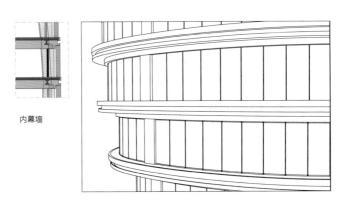

内幕墙

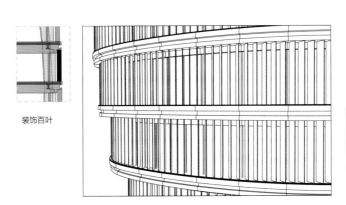

装饰百叶

凤凰中心南侧包裹的办公主楼从一个顺滑的"主楼基面"发展为包含多层次建筑构件信息的实体，经过了严密的、多层级参数调控过程。我们由建筑"基础控制面"推导出"主楼基面"，再由"主楼基面"定义完整的主楼梁、板、柱结构几何控制线，最后以结构几何控制线为基础加入建筑装修几何控制系统。通过多层级的几何定义和参数调控得到的设计成果，为高精度的工程实施奠定了坚实的控制基础（图2-19、图2-20）。

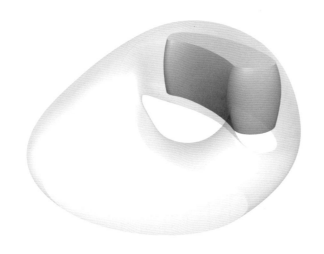

（a）由基础控制面推导出主楼基面　　　　　　　　　　　　（b）主楼基面，贴合外壳控制面

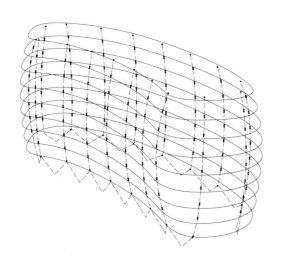

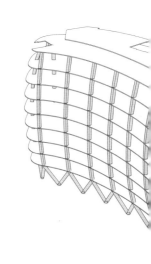

（d）确定结构板、梁、柱的几何控制线　　　　　　　　　　（e）主楼结构构件控制模型

图2-20　主楼从基础控制面生成包含多层级建筑构件参数的实体（组图）

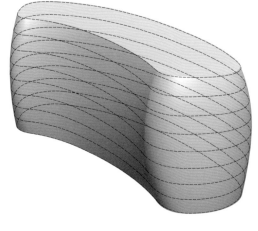

（c）确定楼板边参考线

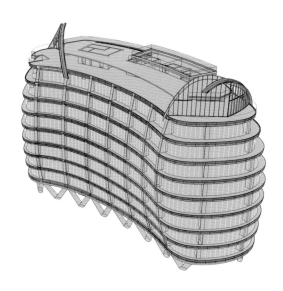

（f）主楼建筑控制模型

4. 数字化逻辑控制系统的构建

依据凤凰中心项目的设计特点，设计团队创造性提出了具有针对性的"数字化逻辑控制系统"。该系统重点包括基础控制面、外壳钢结构几何控制系统、外幕墙几何控制系统、主体几何控制系统、内幕墙几何控制系统（图2-21、图2-22）。

原初几何控制线：在现有的基地红线范围内，确定原点和 *OX*、*OY* 轴，为下一步几何定位找到依据，同时将莫比乌斯环形态在平面上的定位基准优化为八段圆弧的控制

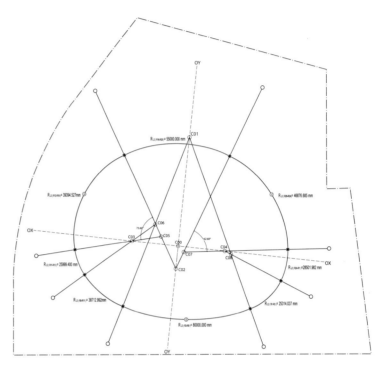

主体几何控制线：由原初控制线细分深化出控制核心筒、剪力墙、结构柱等的次级轴线，组成主体几何控制线

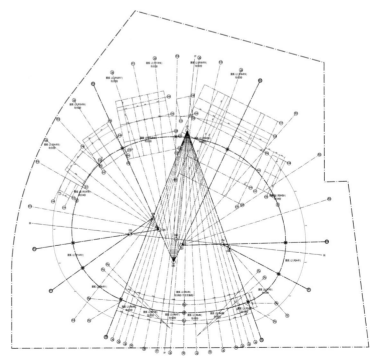

图2-21　平面几何控制轴网的生成过程（组图）

地下部分几何控制线：
由原初控制线深化成地下直线
轴网控制线

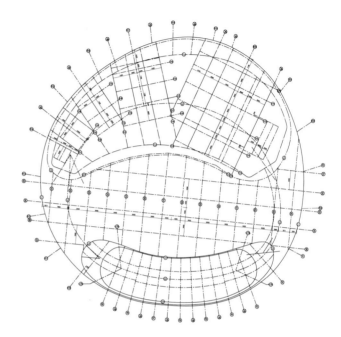

地下部分几何控制线：
由原初控制线深化成地下环形
轴网控制线

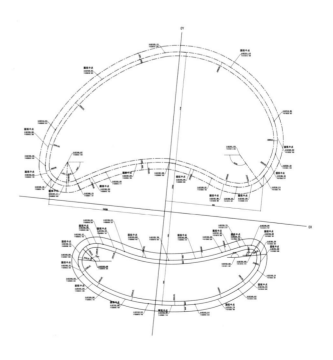

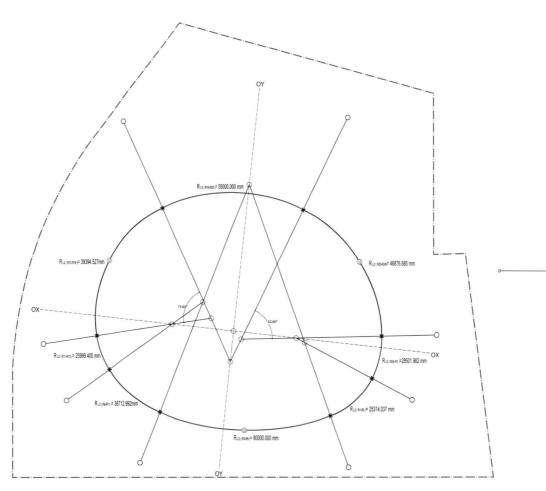

图2-22 基础控制面、外壳钢结构几何控制系统、外幕墙
几何控制系统及主体几何控制系统的生成过程（组图）

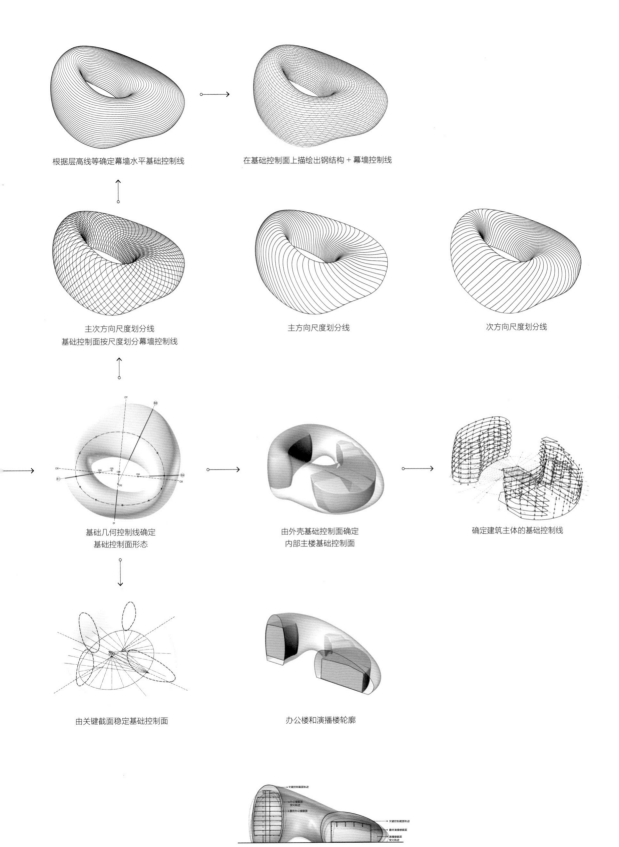

根据层高线等确定幕墙水平基础控制线

在基础控制面上描绘出钢结构＋幕墙控制线

主次方向尺度划分线
基础控制面按尺度划分幕墙控制线

主方向尺度划分线

次方向尺度划分线

基础几何控制线确定
基础控制面形态

由外壳基础控制面确定
内部主楼基础控制面

确定建筑主体的基础控制线

由关键截面稳定基础控制面

办公楼和演播楼轮廓

办公楼和演播楼轮廓拟合轨迹

2.4 基于信息模型和智能化分析的工程数据管理体系

2.4.1 高精度的建筑信息模型

第一，建筑建模在国内首次引进应用于航空工业和汽车工业的Catia软件，能够精准描绘非线性几何元素，具有强大的数据管理和输出能力，它是目前建筑行业所运用的精确度最高、最接近制造业标准的参数化软件。例如在设计阶段采用曲率连续的曲线来调整优化工程基础控制曲面（只有少数工业产品设计公司如苹果公司的产品能做到），超过通常用相切连续曲线描述的工业产品的顺滑度。工程上游的高精确度、高品质控制有利于下游及各专项工程（如结构、幕墙）的顺利推进（图2-23）。

第二，凤凰中心首次建立了全仿真的建筑信息模型，不仅保障项目全过程中的沟通、讨论、决策都在可视化的状态下完成，而且模型还集成了建筑完整的数据信息，包括所有实体构件代码与空间代码信息、几何逻辑系统信息、土建结构系统信息、钢结构系统信息、幕墙系统信息和装修系统信息等。数据信息按照不同类型、层级的树状体系架构，形成了凤凰中心的工程数据库及管理体系（图2-24、图2-25）。

第三，模型具有时效性与唯一性特征，信息模型随工程进度同步更新，设计优化或调改能实时反馈，且各参与方均基于唯一的中心模型工作，避免了传统模式下专业对接模型不能直接互用，设计施工对接需重新翻图等影响建筑质量的问题（图2-23）。

第四，模型还实现了信息的集成管理与测算，体现在对各建筑性能的精确模拟上，如形体优化、生态效应、日照、遮阳、热力学计算、建筑物内疏散人流模拟等。

图2–23　高精度的建筑信息模型

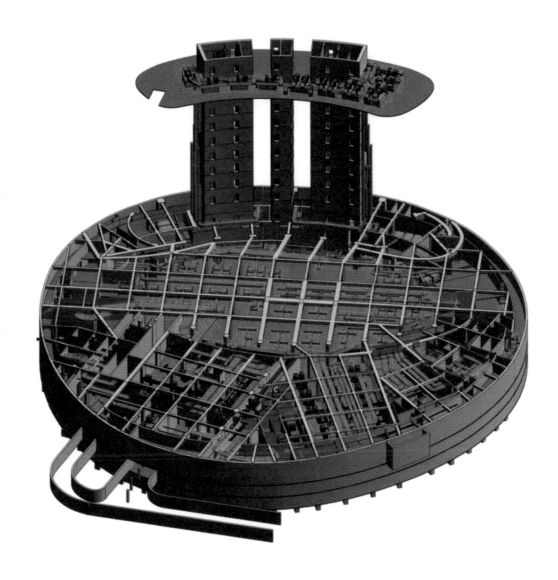

通过 BIM 模型，综合建筑和机电专业需求，确定上下两个机电设备层，
提高了机电竖向管线的服务效率

图2-24　由BIM模型导出的外壳钢结构次肋定位信息

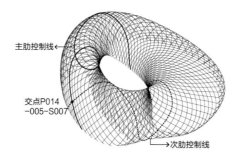

| 主肋控制
线名称 | 主肋控制线
上交点序号 | 次肋控制
线名称 |

Name	Length	StartX	StartY	StartZ	EndX	EndY	EndZ
S001	132.8638	509936.695	307451.2257	-0.2	509997.8613	307454.7508	-0.2
S002	130.8372	509940.3338	307444.9592	-0.2	510002.1271	307455.7465	-0.2
S003	130.1226	509945.1186	307440.9511	-0.2	510006.4375	307456.9308	-0.2
S004	129.6135	509950.0992	307438.0695	-0.2	510010.0589	307457.9944	-0.2
S005	129.809	509955.2317	307435.8951	-0.2	510014.2613	307459.3283	-0.2
S006	131.4489	509960.5117	307434.2653	-0.2	510019.4638	307460.3008	-0.2
S007	250.7094	509965.9999	307433.0769	-0.2	509992.4874	307493.7916	-0.2
S008	247.1182	509971.4085	307432.3039	-0.2	509990.2128	307494.6257	-0.2
S009	245.4488	509977.2672	307431.8073	-0.2	509987.8301	307495.4087	-0.2
S010	246.7646	509982.7205	307431.6052	-0.2	509985.4905	307496.0839	-0.2
S011	250.1508	509988.3391	307431.7133	-0.2	509983.1385	307496.6558	-0.2
S012	255.0654	509993.8728	307432.2149	-0.2	509980.7826	307497.0946	-0.2
S013	125.5727	509999.3743	307433.1971	-0.2	510014.8254	307485.7348	-0.2
S014	121.832	510005.3161	307434.9343	-0.2	510009.1319	307486.4739	-0.2
S015	119.6957	510010.9674	307437.4164	-0.2	510006.1655	307487.394	-0.2
S016	118.0198	510016.2058	307440.695	-0.2	510003.2884	307488.6323	-0.2
S017	116.8899	510020.7793	307444.8389	-0.2	510000.4993	307490.1024	-0.2
S018	116.4993	510024.0497	307450.0206	-0.2	509997.6851	307491.541	-0.2
S019	117.5024	510024.652	307456.0734	-0.2	509994.808	307492.8492	-0.2
S020	124.0528	510024.952	307489.6259	-0.2	509978.3068	307497.3796	-0.2
S021	118.7218	510030.1378	307496.5584	-0.2	509975.9328	307497.4834	-0.2
S022	115.7415	510032.6218	307502.417	-0.2	509973.5586	307497.4424	-0.2
S023	113.4741	510033.1947	307508.4997	-0.2	509971.1918	307497.2877	-0.2
S024	112.0765	510032.0992	307514.6136	-0.2	509968.8313	307497.049	-0.2
S025	111.1699	510029.8358	307520.4601	-0.2	509966.478	307496.7465	-0.2
S026	110.2962	510026.7501	307525.9613	-0.2	509964.1324	307496.3901	-0.2
S027	109.3897	510022.9954	307531.0573	-0.2	509961.7952	307495.9798	-0.2
S028	108.3523	510018.6609	307535.6399	-0.2	509959.4707	307495.5068	-0.2
S029	107.0646	510013.7839	307539.6572	-0.2	509957.1622	307494.9655	-0.2
S030	105.6129	510008.4284	307543.0367	-0.2	509954.8723	307494.3534	-0.2
S031	104.026	510002.7123	307545.7022	-0.2	509952.6	307493.6709	-0.2
S032	102.3604	509996.7185	307547.6279	-0.2	509950.3552	307492.9269	-0.2
S033	100.7652	509990.5278	307548.7826	-0.2	509948.1268	307492.1309	-0.2
S034	99.3085	509984.2421	307549.0969	-0.2	509945.9153	307491.3014	-0.2
S035	98.1254	509977.9625	307548.5808	-0.2	509943.7246	307490.4334	-0.2
S036	97.4489	509971.7857	307547.3127	-0.2	509941.355	307489.4298	-0.2
S037	98.6768	509965.7716	307545.3945	-0.2	509937.2088	307487.6525	-0.2
S038	236.648	509960.0993	307542.9928	-0.2	509972.1581	307453.8902	-0.2
S039	236.7603	509954.9271	307540.311	-0.2	509976.4258	307453.4078	-0.2
S040	238.5252	509949.8415	307537.203	-0.2	509980.8595	307453.244	-0.2

图2-25　外壳钢结构主肋、次肋展开图（控制节点命名及定位）

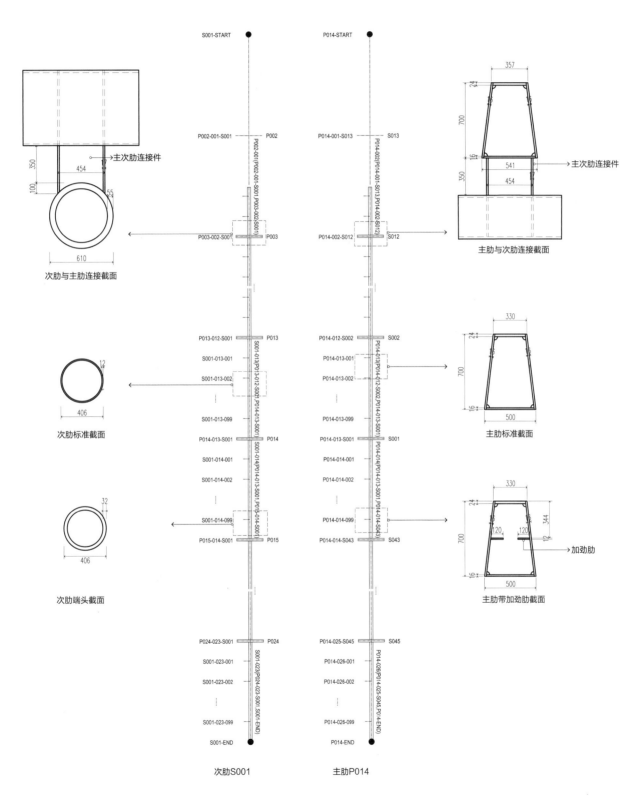

2.4.2 可描述、可调控、可传输的数据库

可描述：将自由曲线和不规则形体在三维空间中通过矢量化方式得到定义，保证组成图形的所有几何元素都具有完整、精确的数据信息，这些信息能够通过条件预设得到有计划的输出。对于工程实践而言，"可描述"表现在以有理化方式描述曲线（曲面），将NURBS曲线在容差范围内以可描述的几何元素近似描述，使设计量与工程量得到简化。

可调控：在自由曲线和不规则形体得到矢量化描述后，即可通过预设参数对其进行调控，以达到理想的设计状态。控制方式可以是人工干预，也可以是计算机辅助下的参数化控制。凤凰中心几何逻辑系统本身的建构就是基于可调控的参数化技术完成的。

可传输：具备可描述特性的矢量化数据信息能够转化成为某种通用的格式进行传递，这为实现建设过程以设计信息为联系纽带，将各专业及全过程连成一个整体的信息一体化的科学建设程序奠定了基础。

在设计过程中，专业间的数据信息的无损传递，如结构专业基于建筑专业提供的外壳钢结构几何中心线作为结构计算模型的基础，极大地提高了设计控制的精准度。

可传输性还体现在为下游行业预留数据接口，通过编制接口程序使外部环境对上游数据库进行调用，如加工企业基于设计信息模型数据库，通过二次编程完成后续深化设计及数控加工。

具体可参见图2-26、图2-27。

图2-26　钢结构肋落地支座参数可描述，以统一逻辑优化分类（组图）

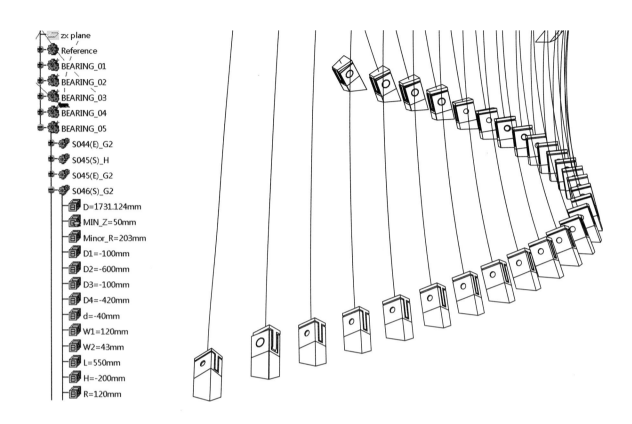

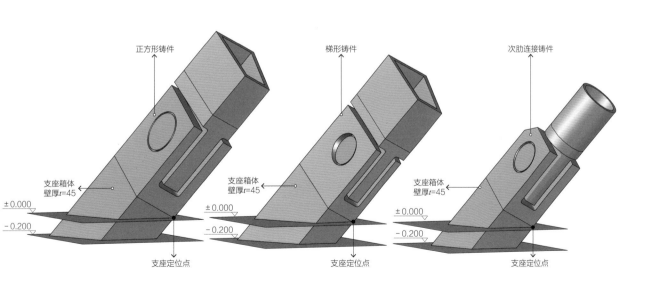

主方向构件落地支座示意（类型AB）　　　　主方向构件落地支座示意（类型CDE）　　　　次方向构件落地支座示意

图2-27 可调控的主楼板边参数进行几何修正优化（组图）

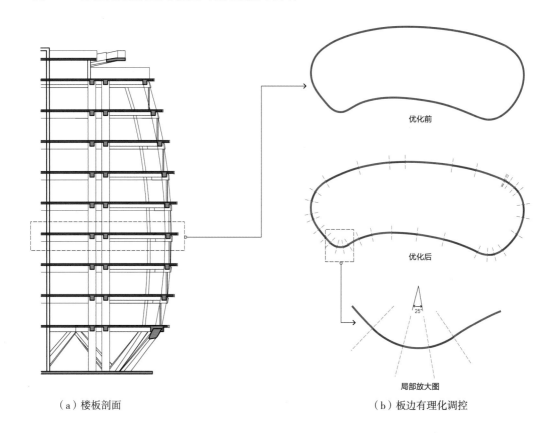

（a）楼板剖面　　　　　　　　　　　　　　（b）板边有理化调控

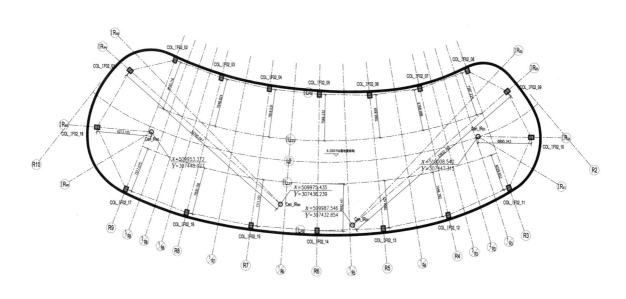

（c）数据输出

2.5 基于技术统合的建构思想

建构理论追求建筑形式应充分表现建筑的结构逻辑及材料的建造逻辑。凤凰中心的幕墙系统设计使得建构理论的精神在信息技术条件下得到最高程度的实现。实际上，凤凰中心的幕墙系统设计也不是一蹴而就的，而是经历了大致三大阶段的发展。

在早期第一阶段，采用均质双向肋+三角玻璃板片的幕墙形式，还是基于传统的划分层级做研究。到第二阶段，采用单向密肋+三角玻璃板片的幕墙方式，突出单方向幕墙构件的构型特点，但仍然停留在装饰塑型的层级。到第三阶段，采用结构与幕墙一体化的设计概念，形成单向肋+单向折板玻璃单元的幕墙体系。在这一阶段，幕墙系统设计在概念上发生了质的飞跃，更追求材料、构造的合理性，追求构造和结构逻辑的统合性。具体参见图2-28～图2-31。

适合弯扭的钢和铝板整合为实体幕墙部分，8000m长的钢结构肋顺应由高阶曲线限定的路径，精确地勾勒出复杂的建筑几何形态，其旋转角度、空间位置、落地支座无一相同。位于实体幕墙之间的玻璃幕墙部分由3180块玻璃幕墙单元构成，所有单元包含的数十万构件，沿着实体幕墙之间的缝隙连续展开，其尺寸、空间位置也变化各异。所有这些看似多样化的细部都被同一种建构逻辑所控制，受控的多样化不仅带来了传统建筑所不曾展现的丰富性，而且还从更深的、不可见的层面传达了建筑设计成果的复杂性。所以，在2012年4月，在以北京市规划委员会组织的科技成果评审会上，清华大学的徐卫国教授从建筑理论的角度说道："这个项目在建筑学上的价值是更高程度地实现了传统的建构思想。最后的形式表现出建筑的结构逻辑及其构造逻辑。今天用数字技术设计建造出来的建筑作品，它的结构逻辑和构造逻辑、材料拼接达到了最高水准，这是传统建构思想所追求的崇高理想……"其实在这之前，我们还从未意识到自己的成果会有这么高的理论价值，听完这段评价，我们对自己已经完成的工作肃然起敬。

图2-28 2008年8月 匀质双向肋+三角板片玻璃（组图）
对表皮和结构的研究还局限在常规的构建思想

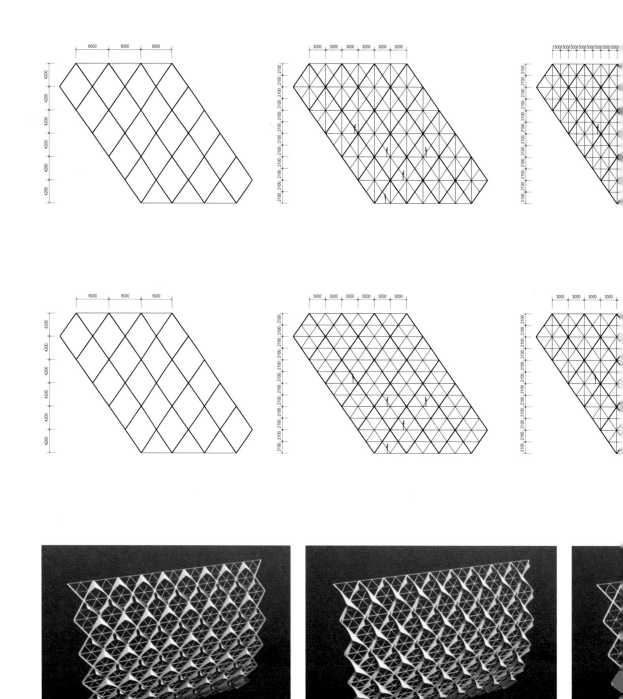

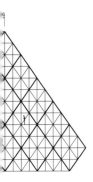

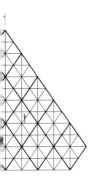

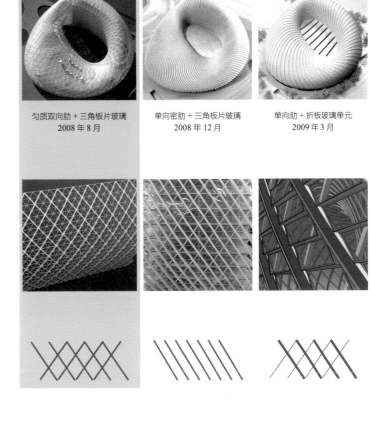

匀质双向肋＋三角板片玻璃	单向密肋＋三角板片玻璃	单向肋＋折板玻璃单元
2008 年 8 月	2008 年 12 月	2009 年 3 月

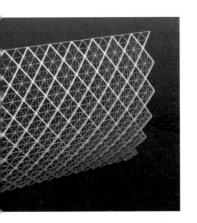

图2-29　2008年12月　单向密肋+三角板片玻璃（组图）
突出单方向肋走势的构形特点，但仍然停留在建筑构造塑形层次

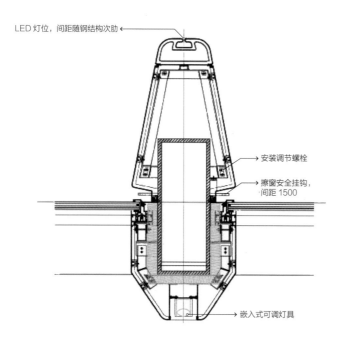

LED 灯位，间距随钢结构次肋 ←

→ 安装调节螺栓

→ 擦窗安全挂钩，
间距 1500

→ 嵌入式可调灯具

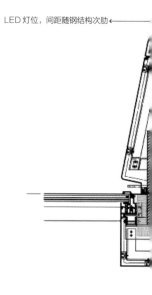

LED 灯位，间距随钢结构次肋 ←

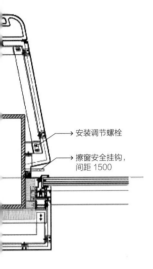

→ 安装调节螺栓

→ 擦窗安全挂钩,
间距 1500

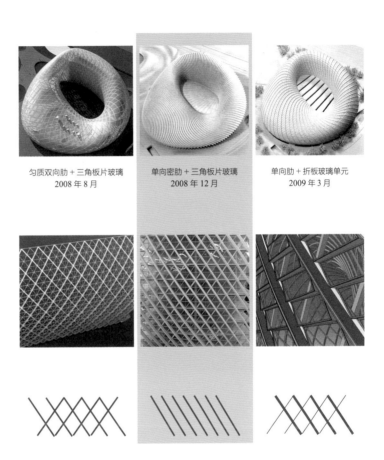

匀质双向肋 + 三角板片玻璃
2008 年 8 月

单向密肋 + 三角板片玻璃
2008 年 12 月

单向肋 + 折板玻璃单元
2009 年 3 月

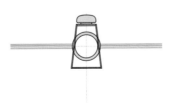

图2-30 2009年3月 单向肋+折板玻璃单元（组图）
结构与幕墙一体化设计概念、建筑形式、建筑结构与建筑构造的统一

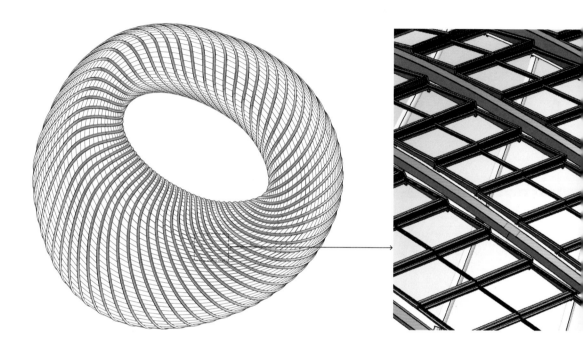

建筑外表皮由3180块鳞片
幕墙单元弥合基础曲面形成，
外观类似鳞片状

每一片幕墙单元都具有不同
的尺寸与定位，通过数字化
手段进行深化设计

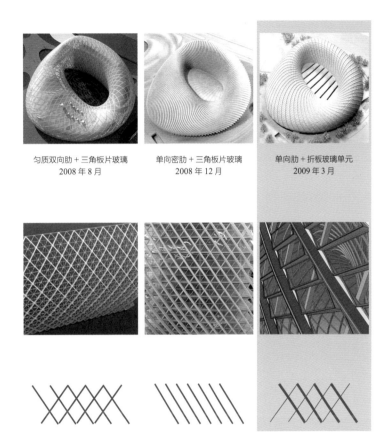

匀质双向肋＋三角板片玻璃　　　单向密肋＋三角板片玻璃　　　单向肋＋折板玻璃单元
2008 年 8 月　　　　　　　　　　2008 年 12 月　　　　　　　　　2009 年 3 月

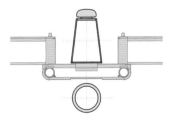

图2-31　结构与幕墙一体化设计

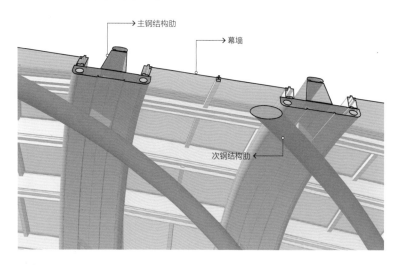

2.6 广义数字化

凤凰中心是一个富于感性同时又饱含科技的建筑。我们较早将尖端的数字信息技术手段运用在设计、制造、建造的全过程中，对与建筑相关的各种因素进行全面精确的整合与控制，通过建立与工程进度同步的、高质量、可调控的数据信息模型，实现前所未有的高质量的建筑语言与美学形式。科技是成就凤凰中心的重要动力，也将是未来建筑创新发展的重要动力。

利用数字技术，但不囿于技术本身，而是强调利用技术开启更加整体性的思维方式，让建筑师有能力实现更加精细化的设计控制，这是我们的初衷。

2.6.1 BIM助N力极限设计优化

高质量的建筑信息模型使建筑师不必再凭借抽象思考进行设计，建筑模型中的复杂关系，尤其是不规则曲面构件之间的位置关系、比例尺度，都与现实建造保持一致，建筑师可以在虚拟环境下，进行美学推敲和空间体验，在保持设计形态多样性的同时解决好建造标准化的问题（图2-32）。这一技术手段大大提高了复杂形体的设计效率，同时保障了最终设计成果的精度。

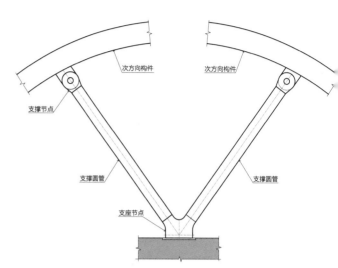

裙房屋顶 V 形支撑立面示意图

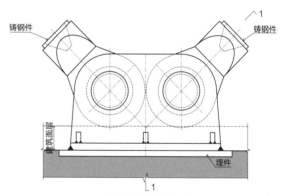

V 形支撑落地节点示意图

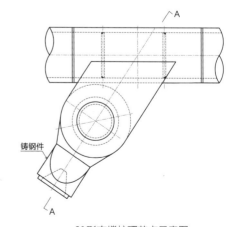

V 形支撑柱顶节点示意图

图2-32　裙房顶V形支撑经BIM技术进行设计优化（组图）

铸钢件

转动轴承

底板

1-1 剖面

转动轴承

铸钢件

A-A 剖面

裙房顶上的 13 组 V 形支撑连接钢结构与混凝土主体结构，每一组 V 形支撑顶部的铰支点都随着钢结构的变化趋势不断扭动，其外观角度虽无一相同却通过优化设计控制保持同样的建构逻辑

2.6.2 参数化整合各建筑系统协同

建筑设计的整体性思维需要我们在作出决策时全面评估解决问题的办法是否合理，是否具备综合性的专业价值。所以，设计师需要关注建筑大系统中的方方面面，尝试更多的可能性。而高质量的建筑模型所包含的参数化信息，可以满足设计师在同一种建构逻辑下的多种调控需求；可以使整个设计过程在动态的论证过程中逐步稳定，避免最终的设计结果因为缺乏充分的权衡对比而具有局限性。

环形坡道的找形和优化工作是技术难度较大的工作之一。全长260m的环形坡道从7m标高爬升到19.6m高的裙房四层。在爬升过程中，先后与外壳钢结构、主楼及裙房混凝土结构产生搭接关系，同时还要以现代装饰工艺和材料实现环坡优美流畅的外形。在参数化技术的帮助下，设计师实现了高效的多方案比较，形成了各建筑系统的协同调控。

1. 环坡的线形设计与优化

环形坡道不仅是通往裙房四层楼顶公共区域的快速通道，还是钢结构外壳的重要结构补强构件，它在爬升过程中不可避免地要与7m平台、钢结构外壳、主楼及裙房等结构体产生联系。其线形设计要综合考虑多种约束条件，是一个极其复杂的设计与优化过程。

首先，由于环坡具有人行通道的功能，其设计必须满足建筑设计相关规范，比如坡度要均匀一致，且符合人的行走舒适性要求，同时环坡上表面与邻近结构的距离也要满足人的通行高度要求，不能出现撞头的现象。

其次，环坡作为外壳钢结构的重要结构补强构件，其与钢结构外壳的连接位置和方式也要满足结构受力要求，不能离钢结构外壳主次肋连接节点太远，以免增加次肋的负载，导致截面尺寸加大。

最后，环坡像一条丝带悬浮于东中庭中，其外形必须保持优美顺畅，并且从各个角度看，都要有一定的建筑美感。另外从加工难度和制造成本考虑，在保证外形优美的同时，还要尽可能地增加直线段的长度占比，以最大限度降低制造和安装成本。

从上述分析过程来看，环坡的线形设计是一个多约束条件下的递归优化过程，依靠传统的建筑设计方法和手段无法完成这一艰巨的设计任务。因此，我们采用了曲面造型能力最为强大的三维建模软件Catia来完成环坡的外形设计和优化，具体优化设计过程简述如下（图2-33）：

先提取与环坡相关联的所有结构的外控制面作为环坡线性设计的基础约束条件，将这些约束条件的边界投影到+0.000标高平面上，再在平面内设计环坡的平面投影线形，然后利用Catia软件的法则曲线功能，将平面曲线转换成三维空间曲线，该曲线即是环坡的主引导曲线，在主引导曲线的基础上通过扫掠命令生成环坡外轮廓控制面和通行高度控制面。通过分析环坡外轮廓控制面和通行高度控制面与邻近结构的距离关系，来验证环坡的形态设计与受力合理性，对不满足要求的部位进行微调和优化，并对优化后的环坡线形进行建筑美学分析与优化，重复这一过程，直到找到一条满足各种约束条件并符合建筑审美要求的主引导曲线。

环形坡道在靠近裙房和主楼楼板标高处设置支撑条件，每个支撑点处通过一组斜撑和拉梁的组合节点设计与主体混凝土结构相接。环形坡道在靠近外壳钢结构处，也通过一组斜撑和拉梁的组合节点设计与外壳网结构连接。环形坡道在端部进行了减隔震设计，一方面通过隔震支座减小外壳钢结构与主体混凝土结构的拉接刚度，减小支座反力；另一方面通过阻尼器及支座的铅芯耗散能量，控制地震作用下坡道面的水平地震位移（图2-34）。

2. 环坡外部支撑体系的设计与优化

环坡的外部支撑体系主要包括环坡与外壳钢结构的连接、环坡与主体混凝土结构的连接以及环坡端部的减隔震措施三大部分（图2-34）。由于环坡与相邻的土建结构及钢结构外壳均为异形结构，导致每个支撑节点的外形和尺寸均不相同，因此，需要建筑、结构及相关专业厂家的紧密配合，对每个支撑节点进行反复计算与优化，才能最终设计出既满足结构受力要求，又符合建筑美学的环坡支撑结构体系。

环坡外部支撑体系中较为复杂的是其与外壳钢结构的连接节点，包括多组位于环坡底部的斜撑和拉梁组合节点设计，以及环坡上部的拉索节点设计。下面以环坡底部斜撑杆和拉梁连接节点为例，简要阐述环坡外部支撑体系的设计与优化过程。

首先，根据环坡外控制面与次肋的空间几何关系，利用Catia软件生成斜撑杆和连接节点的中心线，然后将中心线通过IFC（Industry Foundation Classes）格式文件导入结构计算软件中，结构工程师就可以根据中心线计算和分析出底部斜撑杆和外侧连接节点的载荷分布情况，然后针对性地设计出节点形式及尺寸，并对受力薄弱部位进行局部加强处理。

节点图纸设计完成后，需要先将节点图纸真实地反映到建筑BIM模型中，并进行外观和空间的校核，如果外观不符合建筑美学的要求，就要结构工程师配合对节点的外观进行优化设计，直到既满足建筑功能和美学要求，又满足结构受力要求为止。如果在设计优化过程中发现现有建筑方案无法满足结构受力要求，则需要建筑师对设计方案进行调整和优化，然后再重复上述设计与优化步骤，直到找到各方都满意的结果（图2-35）。

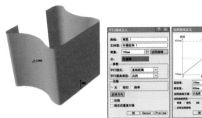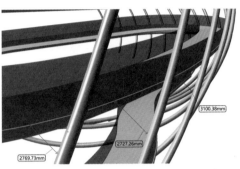

（a）根据环坡平面投影线形和法则曲线功能定义环坡的三维空间控制线

（b）由控制线（主引导曲线）生成环坡外轮廓控制面

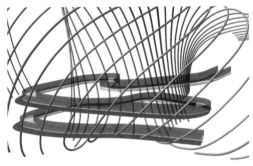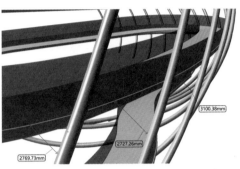

（c）提取环坡外轮廓控制曲面，将其向一侧延伸与次肋中心线相交

（d）过交点做环坡主引导线的法平面，其与延伸面的交线即为斜撑中心线

图2-33　环坡线形设计与优化及与外壳钢结构连接构件的找形过程（组图）

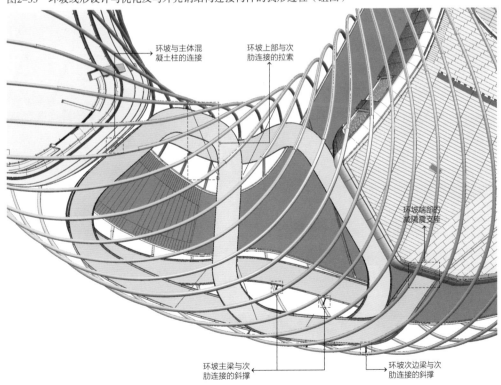

图2-34　环坡外部支撑体系包括与外壳钢结构的连接、与主体混凝土结构的连接以及端部的减震支座

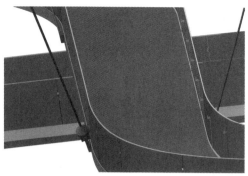
（a）环坡与钢结构次肋连接的拉索

（b）环坡主梁与钢结构次肋连接的斜撑

（c）环坡次梁与钢结构次肋连接的斜撑

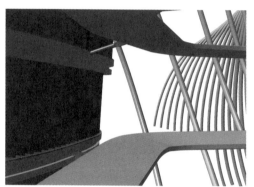
（d）环坡与主体混凝土柱的连接

图2-35　所有经过结构深化的支撑节点均在BIM模型中校核，进行外观优化和受力验证的多轮优化（组图）

图2-36　环坡的结构主要由贯穿整体线形的一根主梁和两根次梁以及横向肋板组成

3. 环坡内部结构校核与深化

环坡内部结构主要起结构支撑作用，其美学要求不高，但是环坡是一个高度复杂的异形体，不对其内部结构进行严格的校核和优化，就无法有效控制环坡的加工和安装精度，最终导致设计失控。因此，需要对环坡内部钢结构的深化设计过程进行跟踪和校核，一旦发现问题，尽早提出并督促厂家做出修正，才能避免因设计和加工错误而导致安装困难和资源浪费。

环坡的整体线形主要靠其内部的一根主梁和两根次梁确定，控制这三根钢梁的加工和安装过程，是确保环坡能否顺利安装到位的关键，因此，我们在进行内部结构深化和分段处理时，优先保证了主、次梁的连贯性，横向肋板却分成两个独立的三角构件部分，这样既降低了加工难度，又确保了环坡的整体施工精度（图2-36）。

4. 环坡外装饰设计对比与深化

环坡的外装饰面是决定环坡最终外观效果的关键因素，需要对不同装修设计方案进行快速分析和比选，Catia直观真实的三维展示效果给建筑设计师带来极大的便利，可以帮助他们快速准确地判断不同方案的优劣，作出最佳的装修设计方案（图2-37）。

不同的装修材料，具有不同的加工工艺和单元尺寸，因此，需要结合具体的材料特性进行单元尺寸的划分和优化，这样不仅能有效控制建筑的外观效果，还能显著降低材料制造和安装难度，从而控制项目成本。比如玻璃栏板、平板玻璃与曲面玻璃的制造难度和成本就相差很大，环坡整体来看是空间的异形曲线，但是按加工尺寸划分后，曲率较小位置的玻璃板块就可以优化成平板玻璃，而曲率较大的部分，则可将玻璃板块优化成规则的弧形玻璃和不规则弧形玻璃两种，这样就可以有效避免因玻璃加工厂家随意简化处理而导致的外观和安装问题（图2-38）。

从环坡的整个设计深化过程可以看出，参数化设计是一个循环往复、不断调整优化的设计过程，需要不断地进行方案比选、设计优化、校核验算、修改完善才能最终达到比较理想的设计、加工和安装效果。

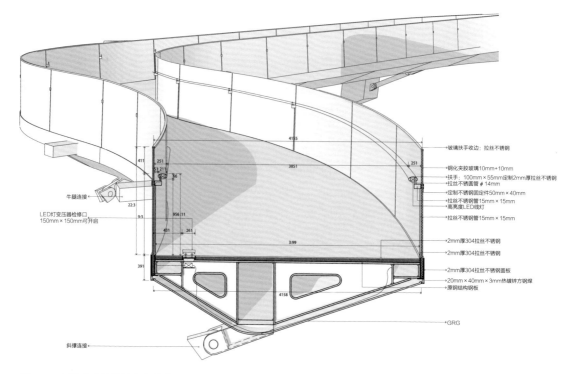

图2-37 环坡外装饰设计方案深化

玻璃扶手收边: 拉丝不锈钢
钢化夹胶玻璃10mm+10mm
扶手: 100mm×55mm定制2mm厚拉丝不锈钢
拉丝不锈钢圆管 φ14mm
定制不锈钢固定件50mm×40mm
拉丝不锈钢管15mm×15mm
高亮度LED线灯
拉丝不锈钢15mm×15mm

2mm厚304拉丝不锈钢
2mm厚304拉丝不锈钢
2mm厚304拉丝不锈钢盖板
20mm×40mm×3mm热镀锌方钢焊
原钢结构钢板

GRG

牛腿连接

LED灯变压器检修口
150mm×150mm可开启

斜撑连接

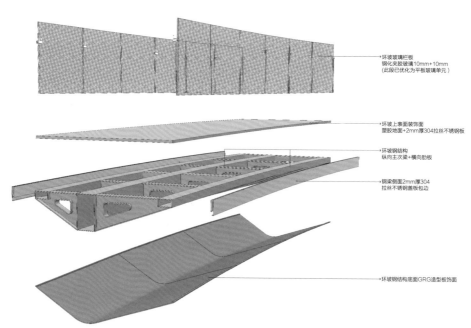

图2-38 环坡装饰构件拆分图

环坡玻璃栏板
钢化夹胶玻璃10mm+10mm
(此段已优化为平板玻璃单元)

环坡上表面装饰面
塑胶地面+2mm厚304拉丝不锈钢板

环坡钢结构
纵向主次梁+横向肋板

钢梁侧面2mm厚304
拉丝不锈钢盖板包边

环坡钢结构底面GRG造型板饰面

第 3 章
基于数字技术的定制结构系统

3.1 设计特点

3.1.1 结构体系创新实现"莫比乌斯环"创意

莫比乌斯环意象提供了一个极佳的复杂形体建筑创意切入点，而为了更好地表现莫比乌斯环连续扭动的形体特征，研究团队定制性地打造了一套融合结构力学和美学表现力的全新结构体系——双向叠合网格结构。

外壳钢结构沿3D主次控制线形成，在承担自重的同时为两座主体建筑提供了舒适的内部无柱空间。为了提升建筑的美学表现力，设计将原本在同一面内的主次钢结构梁进行空间分离，并通过交叉点的连杆侧向连接。内外钢梁之间的空间被用来安装幕墙系统（图3-1、图3-2），外钢梁同时具有遮阳与雨水收集功能。基于这样独特的结构体系创新，使外壳钢结构本身就成为一件具有表现力的艺术品。

3.1.2 基于整体受力的结构设计策略

项目采用了交叉叠合网格结构跨越两座混凝土主体结构，形成了莫比乌斯环连续扭转的形态，但外壳结构在无主体结构作辅助支撑的东西空腔部位刚度较弱。为提高结构刚度，将常规结构中作为附属体系、次要结构的部分，也参与主体结构受力，作为主体结构的一部分，集成为高效的结构系统（图3-3）。

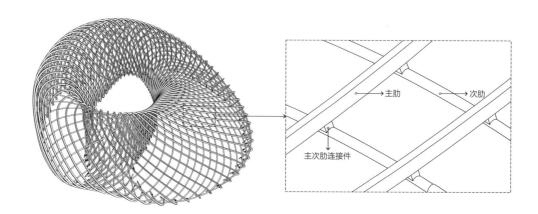

图3-1 "莫比乌斯环"结构体系：主次钢结构梁分离

图3-2　主次钢结构梁分离的外壳钢结构施工（组图）

图3-3　基于整体受力的结构设计策略图示

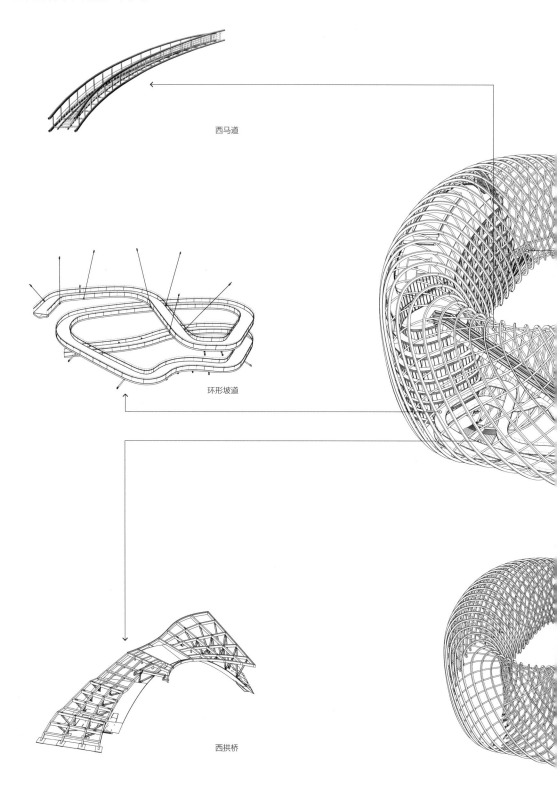

西马道

环形坡道

西拱桥

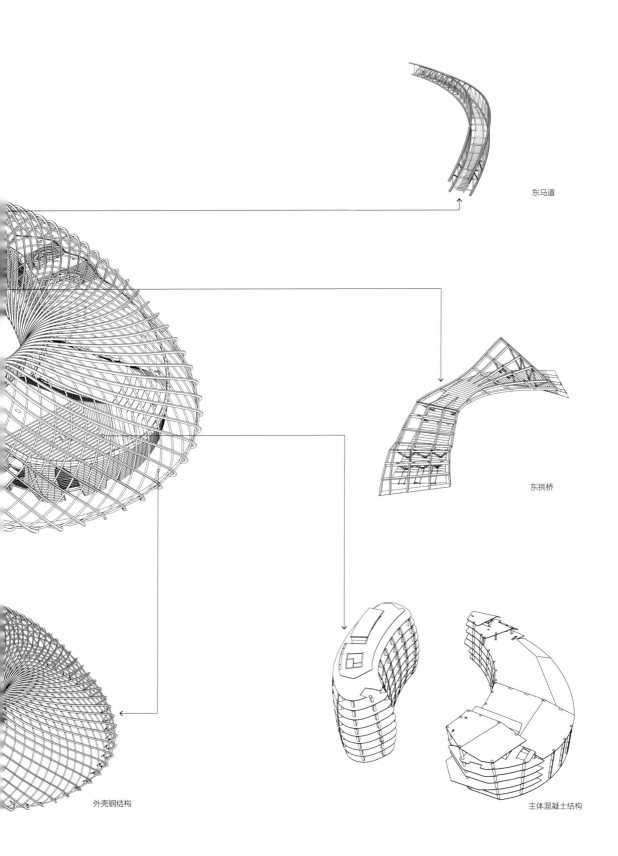

东马道

东拱桥

外壳钢结构

主体混凝土结构

1. 环形旋转坡道参与整体受力，提高空腔部分的水平刚度

环形坡道是公共空间中最具有表现力的建筑要素，为了尽可能达到建筑师对建筑效果的追求，结构工程师对结构体系、断面、节点构造等进行了细致研究。环形坡道宽度3m，总长近260m，轻巧飞驾于裙房与主楼之间的中庭空间，分别支撑在裙房、主楼以及外壳钢结构上。同时由于旋转坡道自身的刚度，又对外壳钢结构的空腔部分提供了较大的水平支撑作用（图3-4~图3-9）。

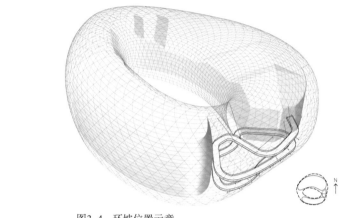

图3-4　环坡位置示意

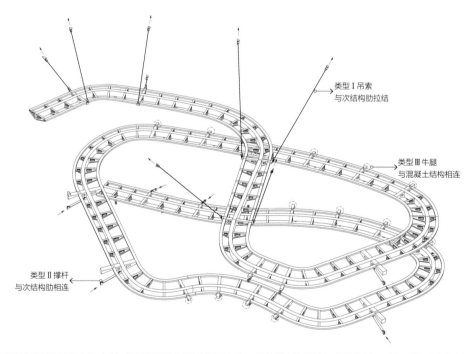

环形坡道在靠近外壳钢结构处，通过一组斜撑和拉梁的组合节点设计与外壳钢结构连接。在中间最大跨度处，采用一组吊索解决受力问题。

环形坡道在靠近裙房和主楼两座混凝土结构楼板标高处设置支撑条件，每个支撑点处通过一组斜撑和拉梁的组合节点设计与主体混凝土结构相接

环形坡道在端部进行了减隔震设计，一方面通过隔震支座减小外壳钢结构与主体混凝土结构的拉结刚度，减小支座反力；另一方面通过阻尼器及支座的铅芯耗散能量，控制地震作用下坡道面的水平地震位移

图3-5　环坡结构

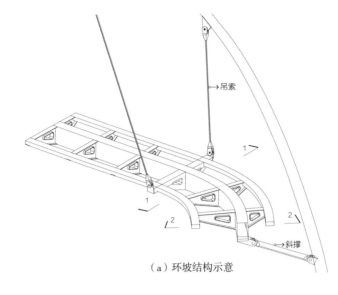

（a）环坡结构示意

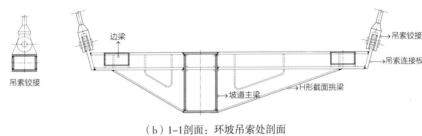

（b）1-1剖面：环坡吊索处剖面

（c）2-2剖面：环坡与次肋相连剖面

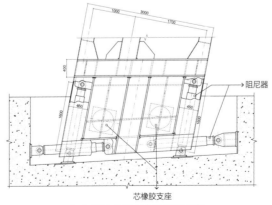

（d）环坡末端与主体相连支座

图3-6　环坡结构及标准截面剖面（组图）

图3-7 环坡分段展开图

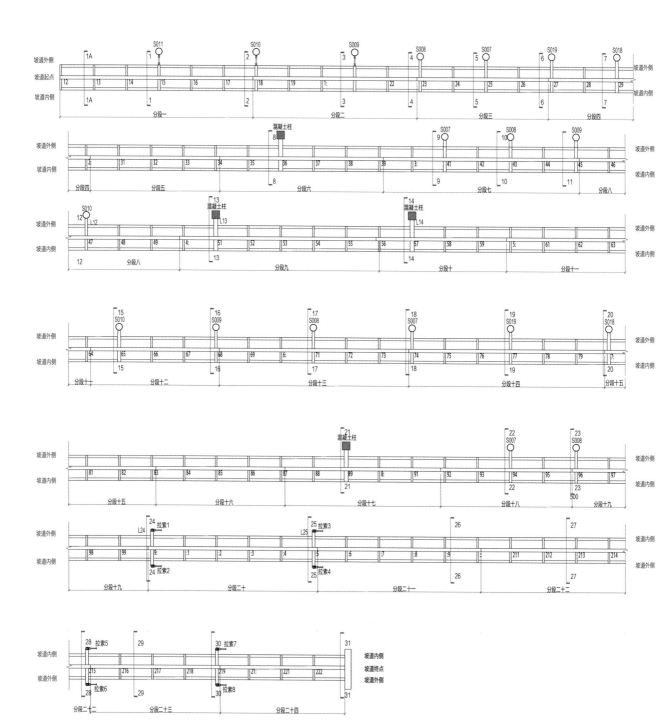

图3-8 环坡分段截面示意

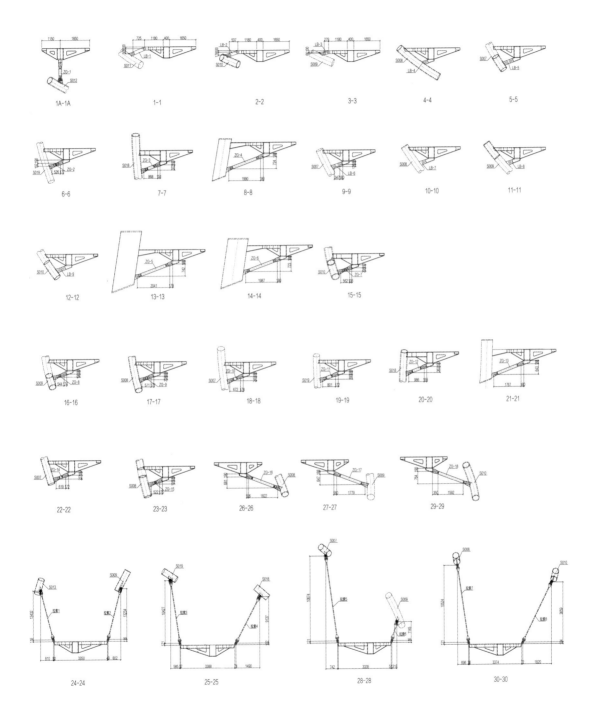

图3-9 环坡结构受力节点详图（组图）

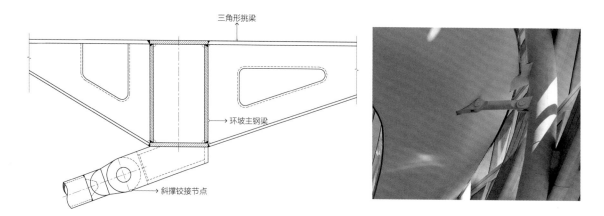

（a）次肋斜撑节点详图

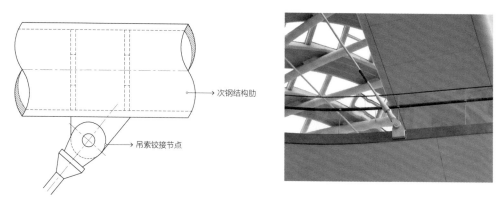

（b）次肋吊索节点详图

2. 拱桥结构对外壳空腔提供弹性支撑

东西两侧连接主楼及裙楼的鱼腹式钢拱桥结构，跨度34m左右，矢高6.4m，是为达到建筑形体的起拱效果而量身定制的三维复杂结构构件。为了适应建筑形体，并充分利用结构高度，拱桥断面设计成鱼腹断面。两端分别支承于主楼和裙房的地下室结构上。同时拱桥钢结构与外壳钢结构采用拉梁连接，对外壳钢结构提供弹性支撑，改善外壳钢结构的受力性能（图3-10～图3-15）。这座由建筑师和结构工程师共同协调完成的钢拱桥，体量最小，其设计和施工难度却远远大于一座跨江大桥。

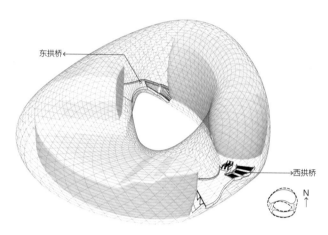

图3-10　拱桥位置示意

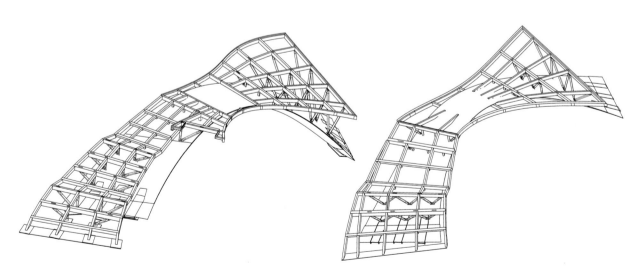

图3-11　拱桥结构

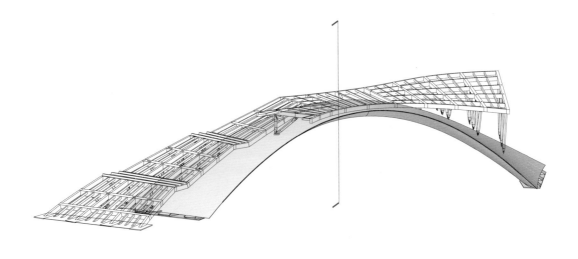

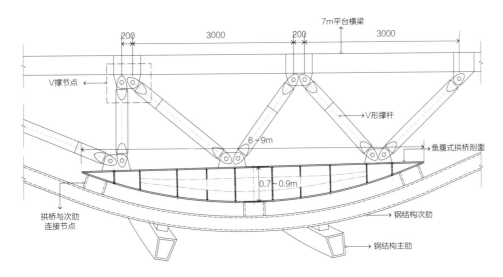

图3-12 拱桥剖面详图

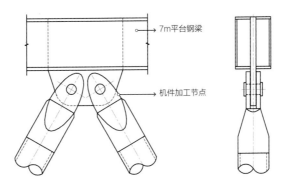

图3-13 平台钢梁下V形撑节点大样

图3-14　拱桥结构爆炸图

拱桥既能支承上部交通平台的荷载，还
能明显提高空腔部分的结构竖向刚度

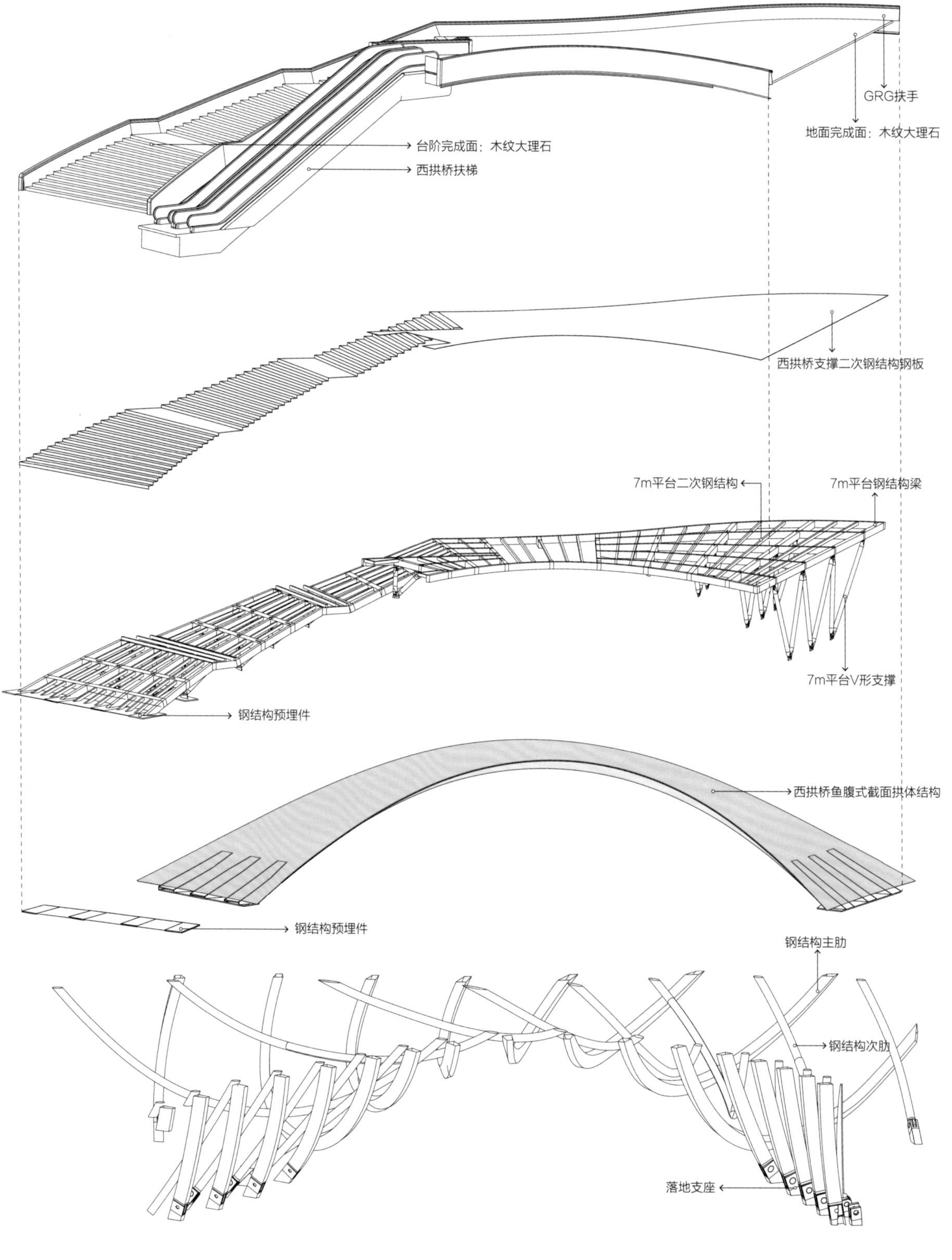

GRG扶手

地面完成面：木纹大理石

台阶完成面：木纹大理石

西拱桥扶梯

西拱桥支撑二次钢结构钢板

7m平台二次钢结构

7m平台钢结构梁

7m平台V形支撑

钢结构预埋件

西拱桥鱼腹式截面拱体结构

钢结构预埋件

钢结构主肋

钢结构次肋

落地支座

图3-15　钢拱桥上下侧受力分析

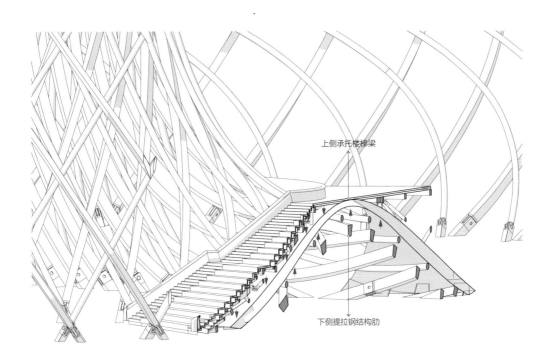

上侧承托楼梯梁

下侧提拉钢结构肋

3. 马道的关键结构作用

通常意义上，检修马道都设计成次结构，不参与整体受力。本工程由于空腔在竖向及水平向刚度均较小，为了提高空腔刚度，将空腔顶部的马道设计成参与整体受力的结构构件。马道两侧设计成桁架结构，桁架的两端分别延伸到办公楼顶部和演播楼顶部，从而通过桁架作用提高了空腔中部的竖向刚度（图3-16～图3-21）。

图3-16 马道位置示意

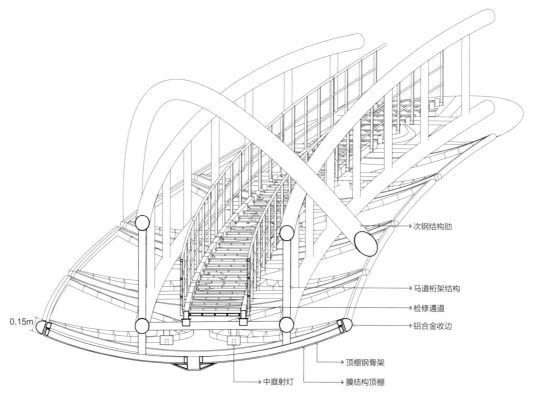

图3-17 马道剖透视

次钢结构肋

马道桁架结构

检修通道

铝合金收边

顶棚钢骨架

膜结构顶棚

中庭射灯

0.15m

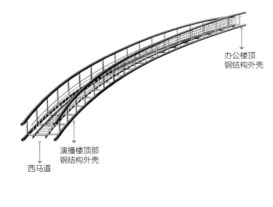
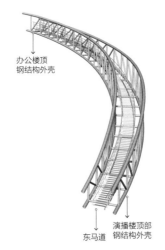

办公楼顶
钢结构外壳

演播楼顶部
钢结构外壳

西马道

办公楼顶
钢结构外壳

东马道　演播楼顶部
钢结构外壳

图3-18　马道结构

马道的上弦杆刚接于叠合网格结构上，与网格相交后形成多个稳定的三角形网格，提高了菱形网格的面内刚度。计算分析表明，马道结构减小空腔顶部的叠合网格的竖向变形约34%，水平向变形约28%，提高刚度作用明显

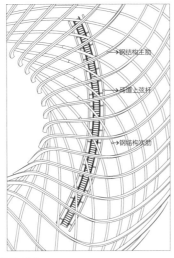

钢结构主肋

马道上弦杆

钢结构次肋

图3-19　马道参与整体结构受力

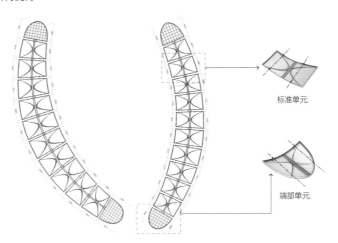

标准单元

端部单元

图3-20　马道的装饰顶棚设计

图3-21 马道实景

3.1.3 突破新型结构体系的研究

（1）复杂曲面的结构模型生成方法

基于Catia软件强大的数据信息交换功能，将凤凰中心的建筑信息模型转化为准确的结构分析模型，实现了基于相同三维模型的建筑和结构设计。

（2）结构力学模型的建立

对于由弯扭构件组成的结构，如何建立弯扭构件的力学模型，是影响分析精度的主要因素。在凤凰中心项目中，每根杆件均为弯扭构件，且弯扭的形态也各不相同，于是设计团队提出了按照构件的弯扭角度划分计算单元的原则，既保证了计算精度，又提高了分析效率。

（3）弯扭构件方向的模拟方法

复杂曲面中存在大量的弯扭构件，弯扭方向千差万别，为准确定位结构构件的方向，设计团队提出了主轴向量标识构件方向的方法，依据基准曲面求得构件所在位置的曲面法线作为构件的局部坐标系Z'轴。

（4）面荷载施加方法

弯扭构件组成的网格不在同一面内，荷载施加困难，我们提出了一种曲面加载方法，可精确计算曲面荷载，并自动分配到相关计算单元上，解决了荷载计算、输入的问题。

（5）叠合结构构件计算长度系数

钢结构形成的大尺度空腔部分，结构稳定问题比较突出。团队利用经典稳定理论，推导出了"双向叠合网格结构"构件的计算长度系数。

（6）火灾状况下整体结构安全性的构造措施

办公主楼是火灾负荷最大的区域，为避免该区域在火灾状态时引起相邻钢结构的变形，甚至传导并引起整体钢结构的垮塌，建筑师和结构工程师提出了一种具有针对性的解决方案（图3-22）。

紧邻办公主楼两侧的外壳钢结构被分离了出来，通过铰支座直接固定在主楼的混凝土结构上，实际上这部分钢结构从本质上更像是挂在主楼外支撑外幕墙的二次钢结构，而为了从视觉上保持外壳钢结构的连续性，这部分靠近主楼的钢结构与主体钢结构通过一个具有50mm变形量的伸缩缝连接为一个整体。这样，即使局部的钢结构因为火灾发生了变形，也不会引起多米诺式的连锁反应。

图3-22　火灾状况下整体结构安全性的构造措施——设置伸缩缝、钢结构与主体混凝土铰接（组图）

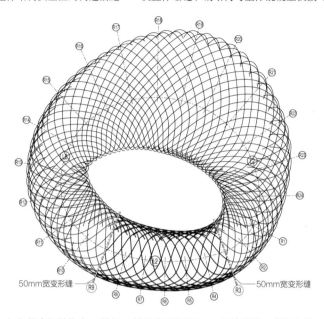

（a）外壳钢结构在R3轴与R9轴的位置断开50mm的伸缩缝，靠近主楼的部分与主楼混凝土结构铰接以加强结构整体安全性

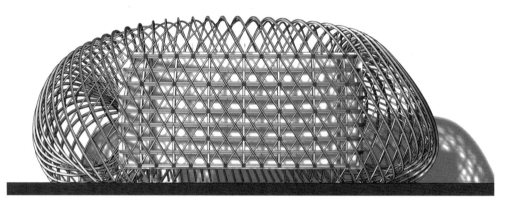

（b）钢结构与混凝土连接件的立面位置

（c）钢结构与混凝土铰接件

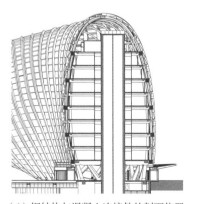

（d）钢结构与混凝土连接件的剖面位置

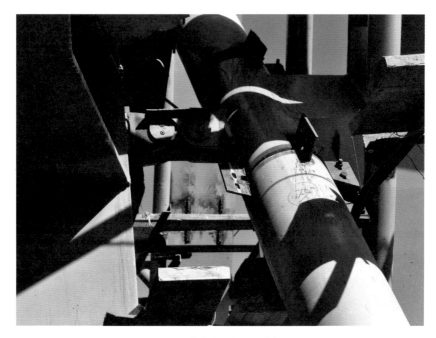

（e）钢结构与混凝土铰接件

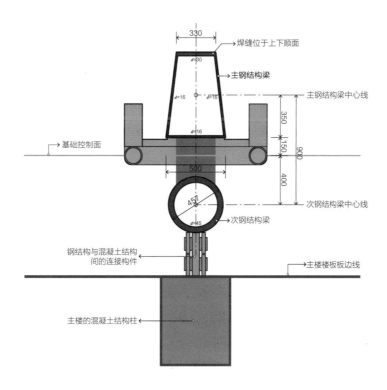

（f）钢结构与混凝土铰接关系及铰接件大样图

3.2 钢结构几何逻辑控制系统

及时稳定一些设计条件，是工程推进的必要前提。在进入初步设计前，设计师锁定了以外壳幕墙面所在的空间边界为参照的"基础控制面"（此面相关的几何逻辑建构参看本书2.3.3节中第4条）。在基础控制面上，设计师建构了一套与外壳钢结构体系相适应的几何逻辑控制系统，使所有的钢结构空间构件在设计和后续深化、加工制造及安装过程中得到依附和参照。这套钢结构几何逻辑控制系统的构建过程并非一蹴而就，而是包括创建、优化、逻辑修正三个步骤。

3.2.1 基于NURBS曲面算法创建基础控制线

设计师希望数字软件能按照规划的想法，从最初的基础控制面上找到一组与钢结构梁走势一致的三维控制线。Catia软件提供了基于NURBS数学表达式构建NURBS曲线的途径，帮助设计师对曲面及曲线的分析和控制达到高精度的等级（图3-23）。同时新的技术手段也使设计师对几何图形的定义和理解，超越了传统制图领域的概念。

3.2.2 优化基础控制线

虽然基于计算机算法的曲线对于基础控制线的光顺及连续性起到了至关重要的作用，但是还需要转化为建筑工程可操作和实施的控制线，在外壳钢结构基础控制线优化的过程中，设计师必须保证未来钢结构梁之间嵌入的玻璃幕墙单元在尽量做到大规格的同时，符合现有玻璃面板的最大生产尺寸要求。所以，设计师在初步产生的钢结构基础控制线基础之上，均匀间隔抽取掉一根控制线，以获得更大的结构钢梁间距（图3-24），并利用计算机程序对未来潜在的幕墙单元分格尺寸进行初步分析，以保证现有钢结构几何控制线能兼顾未来设计发展需要。

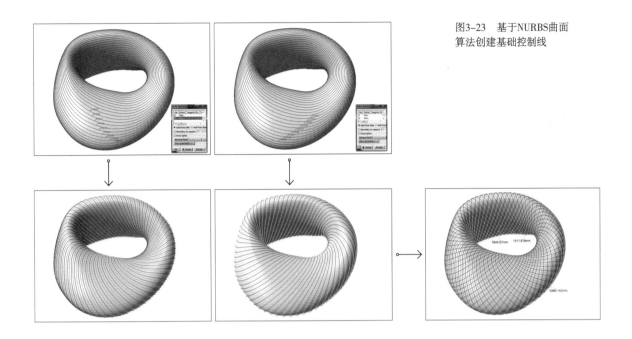

图3-23　基于NURBS曲面算法创建基础控制线

在计算机中先生成一组反映基础控制面形态变化的 UV 线，然后对这些 UV 线进行分点操作，再基于这些分点生成双向的样条曲线，作为描述主、次钢结构梁的基础控制线

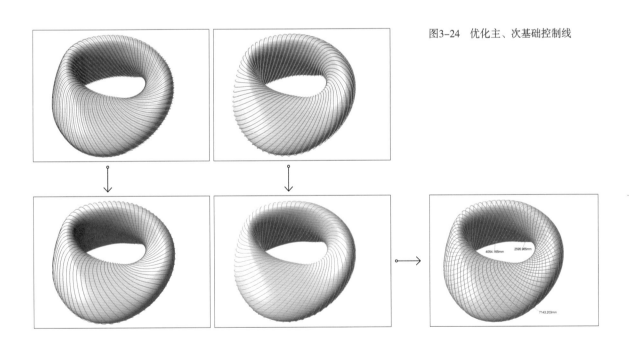

图3-24　优化主、次基础控制线

3.2.3　设计过程中的逆向逻辑修正

经过多次优化计算之后，建筑师得到了基本满足要求的外壳钢结构基础控制线体系，但是控制体系并非在生成之后就维持不变。如果说优化工作还仅仅涉及局部调整的话，那么逻辑修正则是对几何控制线生成逻辑方式的修改，相当于重新回到设计控制的上一个流程，重新编写其生成规则，这也是复杂形体建筑设计过程中不可避免的状况。例如，为了满足未来外壳钢结构与主体办公楼混凝土结构的拉结需要，同时避免外壳钢结构梁和幕墙单元板块边框对室内使用者视线的影响，设计师在先期钢结构基础控制线的几何逻辑建构中，就按照实际需要植入了与主体办公楼楼层标高和主体控制轴网相关的约束条件。但是最初的约束条件构想是基于二维立面控制效果的，导致真正的主次钢结构梁交叉点位与主楼固定拉结点位发生了较大的空间偏差。所以设计师通过反求导的方式，重新将主次钢结构梁交点需要在空间穿越的点位反算到结构基础控制线的约束条件中，以保证下一流程的结构设计更加合理有效（图3–25）。

3.2.4　外壳钢结构构件与基础控制线的衍生关系

以数字化技术为依托的钢结构基础控制线的建构为其实体控制模型的建立起到了良好的铺垫作用。在此之上，依靠严密的、接力式的设计逻辑，可以生成准确的结构构件控制模型（图3–26）。"基础控制面"和"基础控制线"是钢结构梁生成的两个前提条件。其中"基础控制线"是钢结构梁由二维截面生成三维空间构件的扫掠轨迹，"基础控制面"是约束钢结构构件标准截面所在方向的参考面。

建构钢结构控制模型的复杂程度超出了设计团队的预想，即使在钢结构几何逻辑系统成型之后，运用软件将其实现也是一项充满挑战的工作。在一些建筑形体变化较大的区域，外壳钢结构主次钢梁模型生成后的顺滑状况，需要经过反复的分析。凤凰中心曾到了施工图阶段，才发现外壳钢结构梁的连续性局部存在微小的突变，这是由于早期确定的基础控制面局部存在细微缺陷造成的。在分析清原因后，设计团队甚至会果断决策重新返回到上一步"基础控制线"的建构中，对三维的基础控制线直接进行调控，但已经没有必要再回到最原始的起点对基面进行调整了。这些都是在传统设计中未曾遇到的情况，设计师也是在不断尝试和摸索中逐步积累经验和胆识。以参数化技术为前提的几何逻辑建构是一项复杂而精细的工作，它不仅需要借助新技术所带来的便捷和智能化，同时也要求设计师具备精益求精的工作态度。

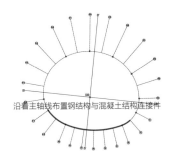

沿着主轴线布置钢结构与混凝土结构连接件

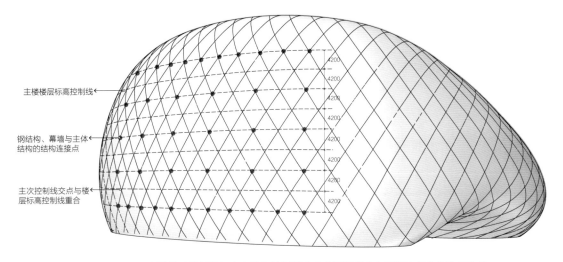

主楼楼层标高控制线

钢结构、幕墙与主体
结构的结构连接点

主次控制线交点与楼
层标高控制线重合

沿主楼楼层控制线与主次几何控制线交点布置钢结构与混凝土结构的连接构件

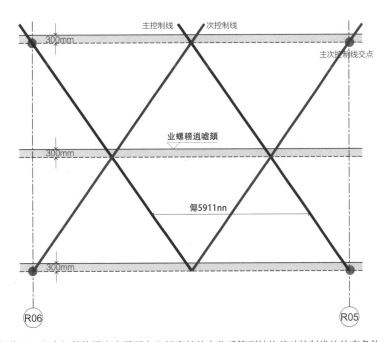

图3-25 逻辑修正：主次钢结构梁交点需要在空间穿越的点位反算到结构基础控制线的约束条件中（组图）

图3-26 "基础控制面""基础控制线"与钢结构梁的衍生逻辑（组图）

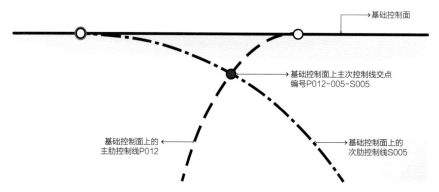

基础控制面

基础控制面上主次控制线交点
编号P012-005-S005

基础控制面上的
主肋控制线P012

基础控制面上的
次肋控制线S005

（a）在基础控制面上获得两条相交的曲线，依次设为主次结构控制线，并为这两条线和它们的交点命名

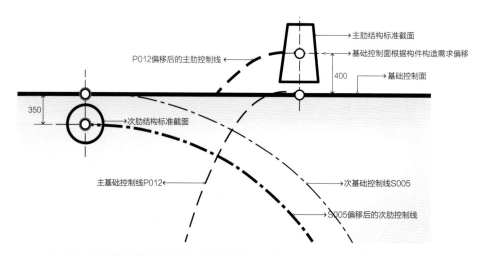

主肋结构标准截面

P012偏移后的主肋控制线

基础控制面根据构件构造需求偏移

400

基础控制面

350

次肋结构标准截面

主基础控制线P012

次基础控制线S005

S005偏移后的次肋控制线

（b）主次基础控制线根据构件构造要求沿曲面法线方向偏移，形成构件控制线

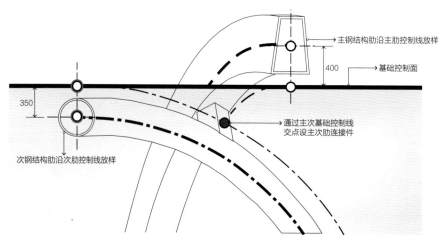

主钢结构肋沿主肋控制线放样

400

基础控制面

350

通过主次基础控制线
交点设主次肋连接件

次钢结构肋沿次肋控制线放样

（c）控制线放样生成主次结构肋并通过连接件联系

3.2.5 外壳钢结构梁的外形尺寸控制

为了提升建筑的美学表现力，位于外侧的主钢梁采用了非常规、统一外观尺寸的梯形截面。而位于内侧的次钢梁则采用了更易于做弯扭加工的圆形截面钢管（图3-27）。实际上，处于室内空间环境的次钢梁，其圆形形态从视觉上更显纤细秀丽，能很好地展示空间环境的开阔连续性。但与外侧钢梁不同的是，室内次钢梁并未采用统一的截面尺寸，而是在一定的尺寸范围内，按照结构计算的需求设定（图3-28）。在受力极为复杂的裙房顶部，外壳钢结构需要将荷载通过V形支撑构件，传导至混凝土结构上。而与V形支撑相连接的外壳次钢梁计算截面尺寸远远超出了设计师能接受的最大限值，达到800mm。因此，设计师和加工企业共同努力，提出了实心锻造件的想法，将外壳次钢梁的外形尺寸严格控制在能保持视觉连续性的范围内。最终，次钢梁截面尺寸的变化，消隐在统一的室内色彩和充满多样性和复杂性的空间环境中。

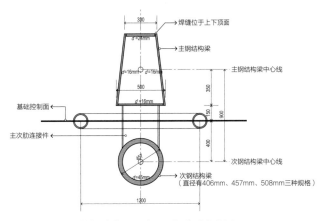

图3-27　主次钢结构肋截面尺寸及几何关系定位图

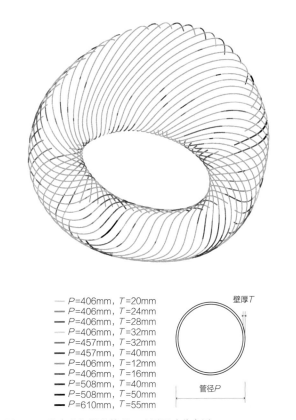

— P=406mm, T=20mm
— P=406mm, T=24mm
— P=406mm, T=28mm
— P=406mm, T=32mm
— P=457mm, T=32mm
— P=457mm, T=40mm
— P=406mm, T=12mm
— P=406mm, T=16mm
— P=508mm, T=40mm
— P=508mm, T=50mm
— P=610mm, T=55mm

壁厚T

管径P

图3-28　外壳次钢梁的管径、壁厚尺寸分布图

3.3 数据信息的传递

为了能精确控制直接暴露在视觉控制范围内的所有结构构件，设计师需要将包含钢结构构件完成面边界的数据信息，传递给下游加工建造企业。而下游加工建造企业的工作核心则是在设计师已经限定的完成面边界范围内完成后续的专业深化工作。

3.3.1 数据信息的分级

为了能更准确、有效地针对工程进度中的不同受众传达复杂的信息，我们采用由主到次，由基础到分支逐级扩充的规则对建筑信息进行分级表达。第一级是基础数据信息，我们着重于对基础几何逻辑系统信息的描述；第二级是钢结构数据信息，是对外壳钢结构信息进行描述；第三级是幕墙数据信息，对覆盖于整个建筑表面的幕墙体系信息进行描述（图3-29）。

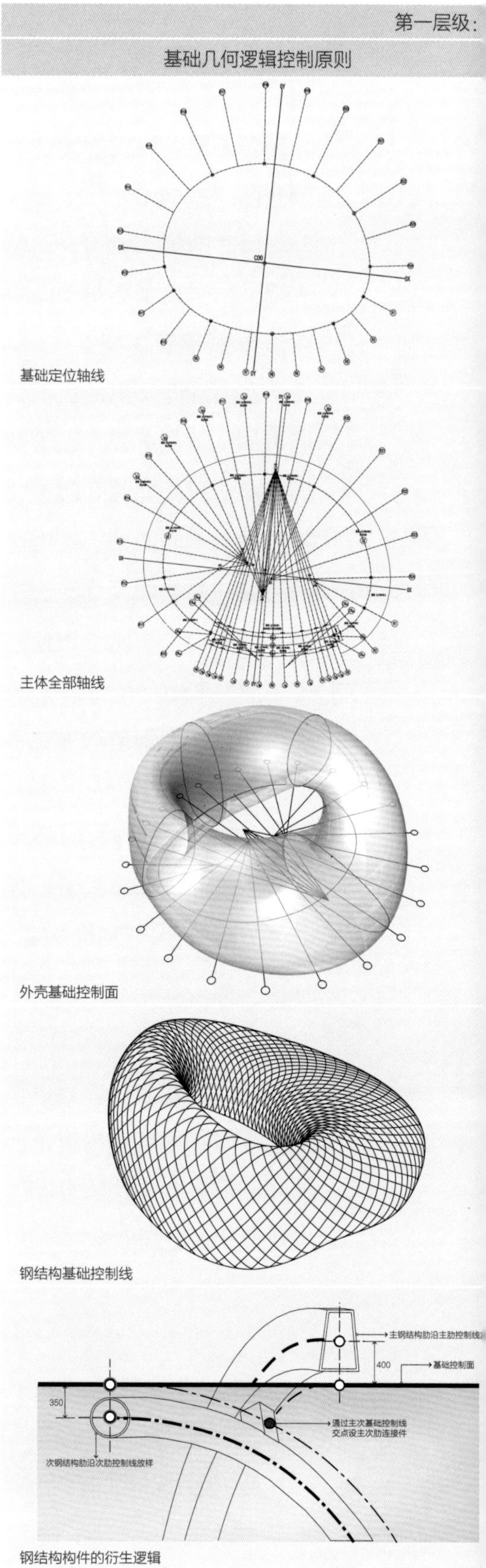
第一层级:
基础几何逻辑控制原则
基础定位轴线
主体全部轴线
外壳基础控制面
钢结构基础控制线
主钢结构肋沿主肋控制线
400
基础控制面
350
通过主次基础控制线
交点设主次肋连接件
次钢结构肋沿次肋控制线放样
钢结构构件的衍生逻辑

图3-29　第一、二层级数据信息的传递（组图）

建筑构件的命名规则

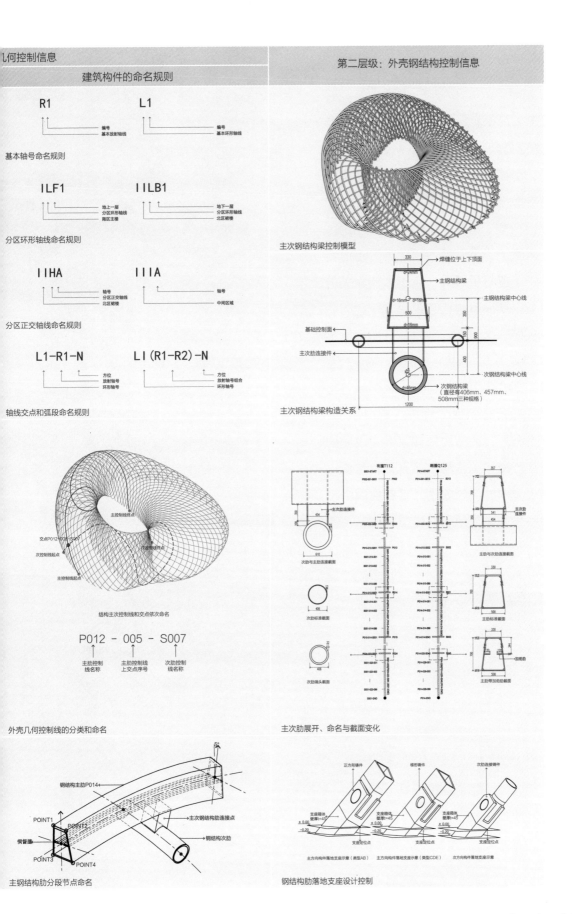

R1
编号
基本放射轴线

L1
编号
基本环形轴线

基本轴号命名规则

ILF1
地上一层
分区环形轴线
南区主楼

IILB1
地下一层
分区环形轴线
北区裙楼

分区环形轴线命名规则

IIHA
轴号
分区正交轴线
北区裙楼

IIIA
轴号
中间区域

分区正交轴线命名规则

L1-R1-N
方位
放射轴号
环形轴号

LI(R1-R2)-N
方位
放射轴号组合
环形轴号

轴线交点和弧段命名规则

结构主次控制线和交点依次命名

P012 - 005 - S007
主肋控制线名称
主肋控制线上交点序号
次肋控制线名称

外壳几何控制线的分类和命名

主钢结构肋分段节点命名

主次钢结构梁控制模型

主次钢结构梁构造关系

主次肋展开、命名与截面变化

钢结构肋落地支座设计控制

3.3.2 提供给钢结构加工企业的数据信息

对于凤凰中心，传统的二维结构设计图纸主要用来表达总体的技术要求、典型的平面、剖面和节点的布置设计，而构件实际的空间定位信息则需要从全信息模型中获取。所以，在钢结构深化设计阶段，设计团队除了提供二维图纸之外，还向钢结构加工企业提供了与外壳钢结构相关的控制模型以及一系列信息说明文件。与传统的、仅以二维图纸资料为基础的信息传输方式相比，凤凰中心的钢结构加工企业，只需要将精力投入与其专业领域直接相关的深化设计和加工建造过程中即可，而对于所有可视的结构构件，其完成面的边界条件、交接关系均已在设计单位精确的控制模型中有明确表达，不存在因为设计错误和遗漏而带来的深化设计问题（图3-30）。

图3-30 提供给钢结构加工企业的数据信息（部分）

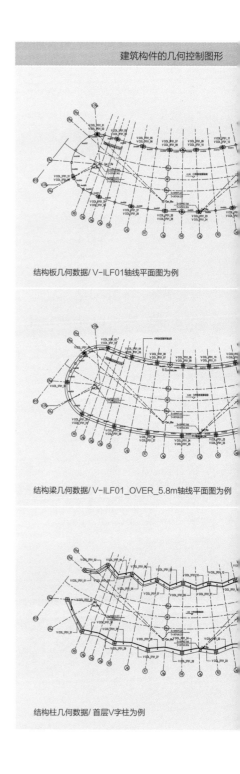

建筑构件的几何控制图形

结构板几何数据/ V-ILF01轴线平面图为例

结构梁几何数据/ V-ILF01_OVER_5.8m轴线平面图为例

结构柱几何数据/ 首层V字柱为例

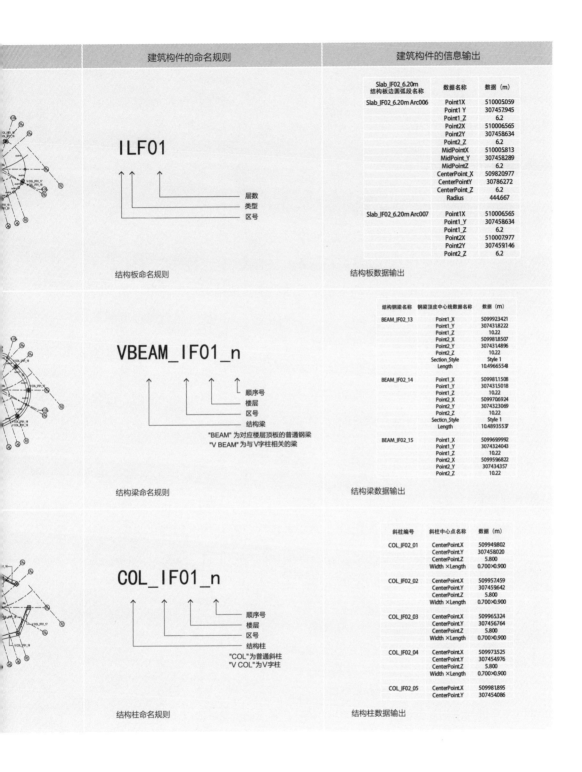

建筑构件的命名规则	建筑构件的信息输出

结构板命名规则 / 结构板数据输出

ILF01

（层数 / 类型 / 区号）

Slab_IF02_6.20m 结构板边圆弧段名称	数据名称	数据（m）
Slab_IF02_6.20m Arc006	Point1X	510005059
	Point1_Y	307457.945
	Point1_Z	6.2
	Point2X	510006565
	Point2Y	307458.634
	Point2_Z	6.2
	MidPointX	510005813
	MidPoint_Y	307458289
	MidPointZ	6.2
	CenterPoint_X	509820977
	CenterPointY	30786272
	CenterPoint_Z	6.2
	Radius	444.667
Slab_IF02_6.20m Arc007	Point1X	510006565
	Point1_Y	307458634
	Point1_Z	6.2
	Point2X	510007.977
	Point2Y	307459146
	Point2_Z	6.2

结构板命名规则　　结构板数据输出

VBEAM_IF01_n

（顺序号 / 楼层 / 区号 / 结构梁）

"BEAM" 为对应楼层顶板的普通钢梁
"V BEAM" 为与 V 字柱相关的梁

结构钢梁名称	钢梁顶皮中心线数据名称	数据（m）
BEAM_IF02_13	Point1_X	5099923421
	Point1_Y	3074318222
	Point1_Z	10.22
	Point2_X	5099818507
	Point2_Y	3074314896
	Point2_Z	10.22
	Section_Style	Style 1
	Length	10.4966554 8
BEAM_IF02_14	Point1_X	5099811508
	Point1_Y	3074315018
	Point1_Z	10.22
	Point2_X	5099706924
	Point2_Y	3074323069
	Point2_Z	10.22
	Secticn_Style	Style 1
	Length	10.4893553 7
BEAM_IF02_15	Point1_X	5099699992
	Point1_Y	3074324043
	Point1_Z	10.22
	Point2_X	5099596822
	Point2_Y	307434357
	Point2_Z	10.22

结构梁命名规则　　结构梁数据输出

COL_IF01_n

（顺序号 / 楼层 / 区号 / 结构柱）

"COL" 为普通斜柱
"V COL" 为 V 字柱

斜柱编号	斜柱中心点名称	数据（m）
COL_IF02_01	CenterPoint.X	509949802
	CenterPoint.Y	307458020
	CenterPoint.Z	5.800
	Width ×Length	0.700×0.900
COL_IF02_02	CenterPoint.X	509957459
	CenterPoint.Y	307459642
	CenterPoint.Z	5.800
	Width ×Length	0.700×0.900
COL_IF02_03	CenterPoint.X	509965324
	CenterPoint.Y	307456764
	CenterPoint.Z	5.800
	Width ×Length	0.700×0.900
COL_IF02_04	CenterPoint.X	509973525
	CenterPoint.Y	307454976
	CenterPoint.Z	5.800
	Width ×Length	0.700×0.900
COL_IF02_05	CenterPoint.X	509981895
	CenterPoint.Y	307454086

结构柱命名规则　　结构柱数据输出

3.4 钢结构深化设计[①]

为了能使成型后的实体构件与设计师设计构想完全吻合，加工企业需要在设计方提供的结构控制模型限定的构件边界条件内进行后续的深化设计。

3.4.1 空间定位信息的采集原则

外壳主钢梁由四个弯扭的曲面合围组成。此钢梁是梯形截面通过跟随曲线路径（由基础控制线推导出的钢梁中心线）不断扭转形成，且在曲线路径上的任意一点的梯形截面——称为标准截面均与曲线路径垂直。在曲线路径上指定若干等分点进行定格，将定格位置的标准截面作为加工基点反映出来。定格的位置越多，基点距离越密，反映的曲线路径线型就越精确，根据三维模型加工出的实体就越接近原设计外形。但定格位置点过于密集，采集的信息量过大，深化设计及工厂加工的工作量就会过大，不利于提高工作效率。根据本工程的结构特点和精度要求，通过各种距离的试验分析，定格位置点距离定为500mm，加工误差可控制在2mm以内，符合国家规范和本工程对于线型的误差控制标准。

3.4.2 根据定格标准截面进行深化设计

根据上述定格位置点原则提取的定格标准截面信息能与原设计外形很好地吻合，标准截面的空间位置信息即为深化设计的基本依据。深化图纸需提供主钢梁弯扭构件中梯形截面各个控制点的空间坐标、内部隔板的排列位置、现场安装的空间定位信息及其与其他构件的连接接口定位信息。还有主钢梁弯扭面板的平面展开也采用标准截面的空间位置信息来转化。

深化设计步骤如下（图3-31）：
（1）提取并排列弯扭构件定格标准截面。
通过提取并排列定格标准截面，即可得到主钢梁弯扭构件每个面上的定位控制点。
（2）对定格标准截面上的定位控制点编号。
（3）测量出每个控制点的空间坐标。
根据前面做出的定位标准截面，在三维模型中可直接量取控制点的三维坐标，

---

① 本节根据钢结构厂家江苏沪宁钢机股份有限公司提供资料整理编写而成。

图3-31 根据定格标准截面进行主钢梁的深化设计（组图）

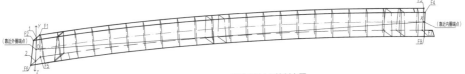

主肋 P014-1 控制点图

（a）提取并排列弯扭构件定格标准截面

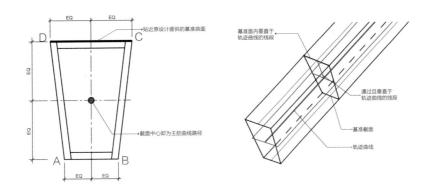

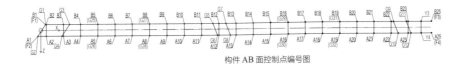

构件 AB 面控制点编号图

构件 DC 面控制点编号图

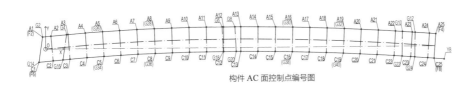

构件 AC 面控制点编号图

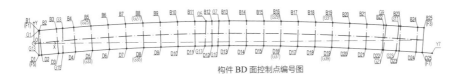

构件 BD 面控制点编号图

（b）对定格标准截面上的定位控制点编号

形成控制点坐标表。钢结构加工厂根据深化图中测量出的标准截面控制点坐标数值，加工木样箱；也是通过这些标准截面控制点的坐标值制作拼装胎架，精确地制作出复杂的钢结构节点构件。

控制点	控制点坐标(X,Y,Z)	控制点	控制点坐标(X,Y,Z)	控制点	控制点坐标(X,Y,Z)
A1	(241,393,177)	C7	(3301,-249,280)	Y7	(5752,-269,-299)
A2	(775,404,213)	C8	(3797,-259,270)	Y8	(5772,-367,192)
A3	(1280,429,236)	C9	(4292,-276,255)	G1	(1283,446,-93)
A4	(1786,447,254)	C10	(4787,-300,237)	G2	(1280,429,236)
A5	(2292,457,267)	C11	(5282,-330,216)	G3	(3298,496,-47)
A6	(2799,460,276)	C12	(5482,-344,206)	G4	(3305,457,280)
A7	(3305,457,280)	C13	(5776,-367,191)	G5	(1318,-248,-214)
A8	(3811,446,280)	D1	(336,-320,-238)	G6	(1315,-273,285)
A9	(4316,428,276)	D2	(827,-280,-224)	G7	(3290,-188,-216)
A10	(4821,404,269)	D3	(1318,-248,-214)	G8	(3301,-249,280)
A11	(5326,372,257)	D4	(1810,-222,-208)	G9	(4890,455,-58)
A12	(5530,358,251)	D5	(2303,-204,-207)	G10	(4988,394,265)
A13	(5830,334,242)	D6	(2796,-193,-210)	G11	(5253,436,-66)
A14	(6333,289,223)	D7	(3290,-188,-216)	G12	(5351,371,256)
B1	(245,397,-153)	D8	(3783,-191,-226)	G13	(4823,-219,-258)
B2	(780,415,-116)	D9	(4277,-200,-239)	G14	(4971,-310,230)
B3	(1283,446,-93)	D10	(4770,-217,-256)	G15	(5184,-236,-272)
B4	(1786,470,-75)	D11	(5263,-240,-276)	G16	(5332,-334,214)
B5	(2289,486,-61)	D12	(5462,-251,-285)	N1	(5185,-906,354)
B6	(2793,495,-52)	D13	(5756,-270,-299)	N2	(4900,-741,-590)
B7	(3298,496,-47)	F1	(-25,349,-165)	N3	(5044,-814,-116)
B8	(3802,491,-47)	F2	(-37,348,165)	N4	(4830,-223,-235)
B9	(4306,478,-50)	F3	(6121,375,-92)	N5	(5192,-241,-247)
B10	(4810,459,-57)	F4	(6135,308,231)	N6	(4963,-306,204)
B11	(5314,432,-67)	F5	(40,-348,-250)	N7	(5325,-329,192)
B12	(5517,419,-73)	F6	(22,-349,250)	N8	(4802,-668,-314)
B13	(5817,398,-82)	F7	(6053,-291,-314)	N9	(5164,-685,-325)
B14	(6320,358,-100)	F8	(6074,-392,175)	N10	(4936,-743,127)
C1	(323,-327,261)	Y1	(279,376,-145)	N11	(5298,-765,115)
C2	(819,-297,276)	Y2	(270,372,185)	N12	(4916,-539,-567)
C3	(1315,-273,285)	Y3	(6423,349,-104)	N13	(4884,-942,-612)
C4	(1811,-257,290)	Y4	(6437,279,219)	N14	(5205,-707,391)
C5	(2308,-248,291)	Y5	(-257,-379,-263)	N15	(5165,-1104,318)
C6	(2804,-245,288)	Y6	(-278,-374,236)	N16	(5099,70,39)

（c）测量出每个控制点的空间坐标（部分数据）

3.4.3 弯扭构件的三维数据转化

利用犀牛软件将每段主钢梁弯扭面展开成平面，并测量出控制点的平面坐标（表3-1），根据平面坐标的位置，可进行平面板的放样、下料切割工作。

根据上述方法利用数字化技术，生成三维模型和控制点的坐标，实现弯扭构件加工信息输出，并用以指导构件生产和安装，使得加工的构件既满足外形设计要求，也可以在安装时保证正确的空间位置。

各弯扭板展开面控制点坐标表（部分数据）　　　　　表3-1

AB面展开图控制点坐标				CD面展开图控制点坐标			
定位点	(X,Y,Z)	定位点	(X,Y,Z)	定位点	(X,Y,Z)	定位点	(X,Y,Z)
A2	(504,-187,0)	B2	(506,143,0)	C1	(592,-275,0)	D1	(607,224,0)
A3	(1011,-203,0)	B3	(1010,127,0)	C2	(1089,-291,0)	D2	(1099,209,0)
A4	(1517,-215,0)	B4	(1513,115,0)	C3	(1586,-301,0)	D3	(1591,199,0)
A5	(2023,-223,0)	B5	(2017,107,0)	C4	(2082,-308,0)	D4	(2084,192,0)
A6	(2530,-226,0)	B6	(2522,104,0)	C5	(2579,-310,0)	D5	(2577,190,0)
A7	(3036,-227,0)	B7	(3026,103,0)	C6	(3076,-310,0)	D6	(3071,190,0)
A8	(3542,-224,0)	B8	(3530,106,0)	C7	(3572,-306,0)	D7	(3564,194,0)
A9	(4048,-218,0)	B9	(4034,112,0)	C8	(4068,-299,0)	D8	(4058,200,0)
A10	(4553,-209,0)	B10	(4539,121,0)	C9	(4564,-290,0)	D9	(4551,209,0)
A11	(5059,-198,0)	B11	(5043,132,0)	C10	(5060,-279,0)	D10	(5045,221,0)
A12	(5263,-192,0)	B12	(5247,137,0)	C11	(5556,-265,0)	D11	(5539,234,0)
A13	(5565,-184,0)	B13	(5547,146,0)	C12	(5756,-259,0)	D12	(5738,240,0)
A14	(6070,-168,0)	B14	(6052,161,0)	G5	(1591,199,0)	Y5	(11,250,0)
G1	(1010,127,0)	Y1	(2,165,0)	G6	(1586,-301,0)	Y6	(-11,-250,0)
G2	(1011,-203,0)	Y2	(-2,-165,0)	G7	(3564,194,0)	Y7	(6029,250,0)
G3	(3026,103,0)	Y3	(6155,165,0)	G8	(3572,-306,0)	Y8	(6048,-250,0)

AC面展开图控制点坐标				BD面展开图控制点坐标			
定位点	(X,Y,Z)	定位点	(X,Y,Z)	定位点	(X,Y,Z)	定位点	(X,Y,Z)
A1	(274,375,0)	C1	(334,-327,0)	B1	(274,380,0)	D1	(328,-324,0)
A2	(780,410,0)	C2	(830,-294,0)	B2	(776,419,0)	D2	(819,-284,0)
A3	(1286,437,0)	C3	(1326,-267,0)	B3	(1279,451,0)	D3	(1310,-254,0)
A4	(1792,458,0)	C4	(1822,-246,0)	B4	(1782,474,0)	D4	(1803,-231,0)
A5	(2298,472,0)	C5	(2319,-233,0)	B5	(2286,490,0)	D5	(2295,-215,0)
A6	(2804,479,0)	C6	(2815,-226,0)	B6	(2790,497,0)	D6	(2789,-208,0)
A7	(3310,479,0)	C7	(3311,-226,0)	B7	(3294,497,0)	D7	(3282,-208,0)
A8	(3816,472,0)	C8	(3808,-233,0)	B8	(3799,488,0)	D8	(3776,-216,0)
A9	(4322,458,0)	C9	(4304,-247,0)	B9	(4303,472,0)	D9	(4269,-232,0)
A10	(4827,438,0)	C10	(4799,-267,0)	B10	(4806,449,0)	D10	(4763,-255,0)
A11	(5332,410,0)	C11	(5294,-294,0)	B11	(5310,417,0)	D11	(5255,-286,0)
A12	(5536,397,0)	C12	(5494,-307,0)	B12	(5513,402,0)	D12	(5455,-300,0)
A13	(5837,376,0)	C13	(5789,-328,0)	B13	(5813,378,0)	D13	(5748,-324,0)
G2	(1286,437,0)	F2	(-33,351,0)	G1	(1279,451,0)	F1	(-31,351,0)
G4	(3310,479,0)	F4	(6142,352,0)	G3	(3294,497,0)	F3	(6117,351,0)

3.5 钢结构加工难度及制作思路[①]

3.5.1 加工难度

凤凰中心外壳钢结构长约130m，宽约124m，表面积约为27500m²，重量达5200t左右。钢结构梁构件均具有不同程度的空间弯扭特征，除极少量为单曲形箱梁外，其余均为空间弯扭结构。另外，钢梁箱体壁厚从16mm至115mm厚薄交替变化，且弯扭程度高，故加工成型和焊接变形很难控制，加工制作难度非常大。

（1）主钢梁采用梯形截面的弯扭箱形构件，直接外露，制作精度要求高，制作难度大。

（2）主钢梁长度单根长达300m，且拱度较大，制作时需分段进行加工，如何保证各分段间的接口质量是本工程的技术重点。

（3）主钢梁空间弯扭幅度较大，平均每米构件的扭曲角度达5°（即相距每1m的两个横截面端口的相对偏转角度达5°），且沿构件长度方向有的弯曲半径很小（最小弯曲半径仅6m左右）。

（4）由于主钢梁箱体壁厚从16mm至115mm交替变换，厚薄相差较大，再加上空间扭转幅度大，其加工成型和焊接变形难以控制，所以加工制作难度非常大。必须按特殊构件进行重点分析并制定相应可行的加工工艺来保证其制作精度要求。

（5）构件壁厚变化，导致焊缝处发生变化。弯扭构件焊缝本身焊接就比较困难，再加上构件接口板厚相差较大，就更增加了焊接难度。

（6）主钢梁截面尺寸小，且为梯形截面，且构件沿长度方向为弯扭结构，这就更增加了构件坡口加工精度及难度。

（7）主钢梁之间通过次钢梁圆管进行相互连接，次钢梁圆管节点也为空间弯扭形式，为保证次钢梁杆件与主钢梁的顺利对接及整体线形的顺滑，故对次钢梁圆管杆件的加工及制作也提出了更高要求。

3.5.2 制作思路

鉴于本工程截面小、壁板厚、弯扭大的特殊结构形式，加工企业提出了提高单件精度，确保整体精度的制作思路。先将每个零部件各自下料、加工制作、拼装、焊前验收、焊接、焊后矫正验收，最后在精确制作的钢胎架上进行主钢梁的组装，严格控制每一道工序，进而满足整体建筑的完成精度和外观要求。

---

① 本节根据钢结构厂家江苏沪宁钢机股份有限公司提供资料整理编写而成。

3.6 典型构件的加工[①]

3.6.1 典型单元构件的组成

根据现场安装起吊能力，结合结构的节点形式，将单根主钢梁划分成大小不等的若干个分段，同时将次钢梁与之连接的一部分作为主、次钢梁连接的牛腿，其分段结构形式见图3–32（左上）。主钢梁结构主要由主钢梁拼接箱体、次钢梁圆管牛腿、菱形牛腿、幕墙圆管等组合而成（图3–32左上）。制作时预先进行各零部件的精细加工，而后在精准牢固的整体组装胎架上采用卧造法进行制造。由确保单个节点的制作精度要求来满足预拼装及设计对质量的要求。

3.6.2 主钢梁本体的加工

具体参见图3–32。

（1）加工企业采用与造船系统某软件开发公司共同研制开发的"三维特型构件制作软件"（Rootmodel.exe）来自动生成主钢梁四面壁板的展开图，即把已正确建立的CAD线模另存为DXF格式文件，然后将其导入Rootmodel.exe软件进行自动压平。

（2）不规则零件采用数控切割机进行精密下料，切割前将加工数据TXT文件拷入数控切割机，而后自动进行数控切割，同时根据设定的程序喷上控制线、构架线、加工线（图3–32中）。

（3）由于主钢梁弯扭箱形分段展开长度弧长达到13m多，为了成型加工方便，将壁板分成两块分别进行成型加工，壁板分段加工前，必须在壁板上划出加工成型压制线和箱体组装的法向控制线、成型加工后的检测基准线，加工压制线根据壁板端面线形角度，平行于端面线形每隔100mm设置，加工压制线必须保证正确，并经有经验的检查员进行检查验收，否则加工时成型将会产生负面效果，而成型加工后的检测基准线为一弧线，应根据放样数据驳至壁板上，壁板加工成型后这条检测基准线应该自然成为一直线。

（4）通过对各种加工方法的整体加工质量、工作效率及加工过程对母材损伤和加工成本等因素综合研究分析后，最终确定"以三辊卷板机卷制成型为主，然后配以油压机精确整型"的加工方案（图3–32右上）。

---

① 本节根据钢结构厂家江苏沪宁钢机股份有限公司提供资料整理编写而成。

（5）弯扭板材加工成型质量的好坏，直接影响弯扭构件的整体质量，为此必须对加工成型后的板材进行严格检查，加工企业采用木质样箱检验的方法，从而确保弯扭板材的成型质量（图3-32右下）。

（6）对于用样箱检测后发现加工成型精度不满足组装要求的壁板，立即重新进行校正加工，采用油压机精整或火工热校正，以能精确地保证壁板的加工精度。

3.6.3 次钢梁本体及幕墙耳板杆件的加工

（1）为了确保构件的组装、焊接质量，本工程中次钢梁端部切口以及幕墙杆件的相贯线切口，全部采用圆管数控相贯线切割机进行切割成型。

（2）本工程次钢梁杆件为弧形构件，故必须进行弯曲加工，根据目前的加工设备，钢管弯曲加工主要有两种成型工艺：一种为冷弯成型，一种为热弯成型。由于本工程构件的曲率半径各不相同，根据弯曲半径的大小，将弯曲半径小于10m的采用中频弯曲成型，将弯曲半径大于等于10m的采用油压机配以专用压模进行冷弯成型。

图3-32　主钢梁本体的加工过程（组图）

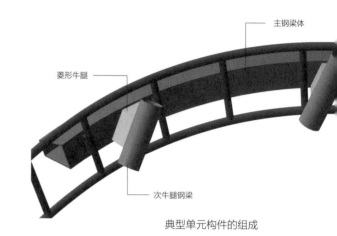

典型单元构件的组成

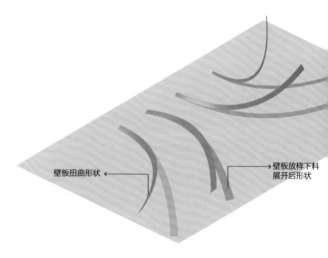

主钢梁四面壁板展开示意图

壁板在三辊卷板机上轧弯

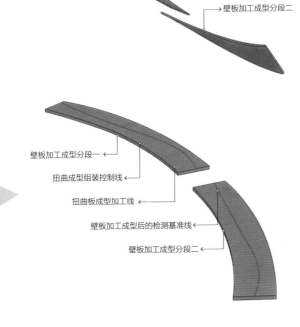

壁板加工成型分段一

壁板加工成型后的检测基准线

壁板加工成型分段二

轧弯后的壁板送入油压机整形
壁板加工成型示意图

壁板加工成型分段一

扭曲成型组装控制线

扭曲板成型加工线

壁板加工成型后的检测基准线

壁板加工成型分段二

弯扭板件线形控制示意图

样箱检测工况图

3.6.4 典型单元构件的组装

1. 胎架的制作

从深化设计提供的整体模型中调用各单根主钢梁模型的外形尺寸及各定格标准截面上控制点的尺寸、坐标值，然后在地面上划出构件定位基准线以及胎架模板安装位置线等，再进行精准牢固的组装胎架的制作［图3-33（a）］。

2. 主钢梁本体的装焊

（1）组装胎架制作并经验收合格后才可进行主钢梁主体结构的组装，组装过程中确保箱体壁板均在自由状态下进行定位。首先进行腹板的定位，定位时将该板上预先喷设的构架线以及端部位置线对齐地面定位线，定位后为防止其移动，需与胎架点焊牢固，然后安装各档横隔板，横隔板安装时对齐安装位置线，同时还需严格控制两端安装位置线，定位合格后的横隔板相当于后续安装壁板的胎模，因此，后续安装的壁板定位时可先控制与横隔板的密贴度，另外再控制与端部尺寸的吻合度，其组装流程如图3-33（b）~（d）所示。

（2）主钢梁主体形成U形结构后，进行内部隔板的焊接，焊接时由中部向两侧进行。为了有效控制焊接变形，焊接时直接在组装胎架上进行，避免翻身、定位等造成的变形，同时在焊接过程中也便于对构件变形的监控［图3-33（e）］。

（3）内部横隔板焊接完成后，进行仔细的检查，包括焊缝质量以及外形尺寸各方面，合格后进行顶板的封板，封板定位时应注意与内部横隔板间的密贴度，同时控制两端部的尺寸；另外还需注意对两侧板间的焊缝间隙的控制，以上要点均控制到位后才可进行箱体主焊缝的焊接。焊接时采用双数焊工分中对称施焊，尽可能地减小焊接所造成的变形［图3-33（f）］。

3. 主钢梁牛腿及附件的装焊

（1）在主钢梁主体装焊合格的基础上，进行主钢梁牛腿及其他附件的安装，因牛腿及附件等均属于空间结构，所以在定位时均采用空间坐标进行。控制要点为：从模型中调出各牛腿及附件端部的特殊点坐标值，而后根据这些特殊点的坐标值采用地样法配以全站仪进行定位［图3-33（g）］。

（2）牛腿及附件安装合格后，在组装上进行构架间的全位置焊接，焊接时严格遵守分散、均匀、对称施焊的原则，采用较小线能量的CO_2气体保护焊进行施焊，确保整体结构的变形降至最小［图3-33（h）］。

（a）胎架搭设工况

（b）腹板定位工况

图3-33 典型单元构件的组装过程（组图）

（c）隔板及面板定位工况

（d）另一腹板定位工况

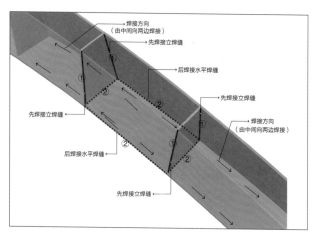

（e）焊接顺序

图3-33 典型单元构件的组装过程（组图）

（f）封板安装工况

（g）牛腿安装工况

（h）整体焊接工况

图3-33　典型单元构件的组装过程（组图）

3.6.5　检测

弯扭主钢梁加工完毕后，为了确保构件的整体精度，检测时采用两种方法进行：一是采用地样法对构件的外形尺寸、连接端口等进行校核检验；二是采用全站仪对各端口的坐标值进行复测，超差则进行火工矫正，直至符合设计、规范的要求（图3-34）。制作合格后的主钢梁如图3-35（c）所示。

3.6.6　预拼装

以上方法仅是对主钢梁单个分段的检测，为了更有效地检测主钢梁分段加工的质量是否满足现场安装要求，工厂内将已检测合格的构件进行了一组实体预拼装，通过实体预拼装，构件定位完全处于自由状态，没有采取任何修整，判定各接口连接质量完全符合设计、规范的要求［图3-35（a）~（b）］。

另外，还采用构件坐标输入法，对结构进行了计算机整体模拟预拼装，通过模拟预设解决了复杂空间弯扭构件的安装难题。

3.6.7　加工制作的创新性

对各种尺寸、厚度、高强度级别的复杂节点实现了"以大化小，以繁化简，保证单件精度，确保整体质量"的控制工艺。由于对每道工序的严格控制，从保证每个零部件的质量精度，来确保整个构件的质量精度，最后来保证整个工程的质量要求。

对于弯扭梯形构件，利用"三维特型构件软件"进行数字空间放样、展开，然后用"三辊卷板机进行滚轧成型，再用油压机进行精整"的技术方案，并用1∶1的检验样箱对弯扭壁板和弯扭构件进行检查验收，实现了现代数字控制和传统加工工艺的整合。

应用构件坐标输入法，对结构进行了计算机整体模拟拼装，其结论与实体预拼装，以及现场安装的结论一致，解决了复杂空间弯扭构件的安装难题，大大提高了工作效率。

全站仪

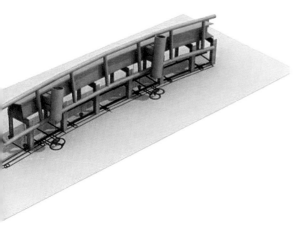

用地样法对扭曲杆件加扭曲牛腿进行检测

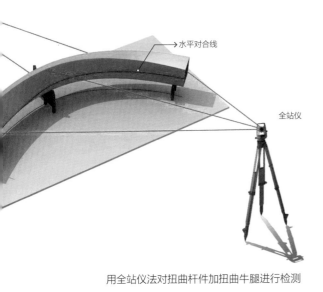

用全站仪法对扭曲杆件加扭曲牛腿进行检测

水平对合线

全站仪

图3-34 对主钢梁进行检测直至构件合格（组图）

（a）工厂实体预拼装工况一

（b）工厂实体预拼装工况二

（c）加工合格后的典型单元构件

（d）现场安装实拍照

图3-35 钢结构构件预拼装与现场安装（组图）

图3-36 施工现场吊装钢结构单元构件

图3-37 施工现场主钢梁截面展示

图3-38　主楼顶的钢结构屋架搭设

图3-39　外壳钢结构构件现场定位与安装

第 4 章
基于数字技术的表皮幕墙系统

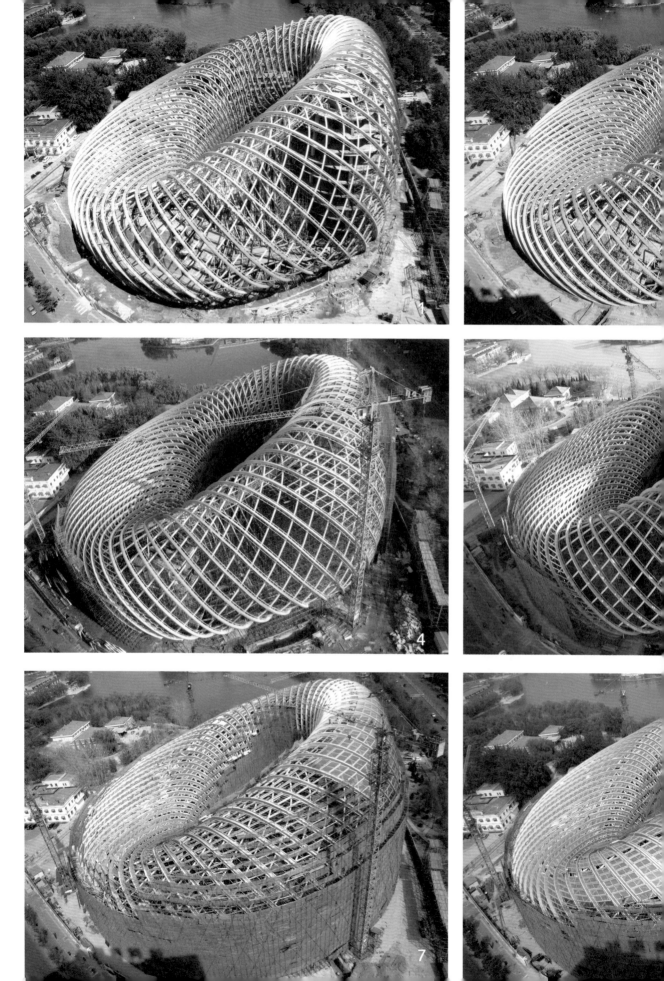

4.1 设计特点

4.1.1 幕墙系统创新的必要性

复杂曲面在汽车、航空制造行业的应用已经非常成熟，而复杂曲面形态对于建筑行业来说还属于少数研究实践类型。这主要是因为建筑工程与制造业工业产品相比，二者在尺度、生产流程、加工工艺、材料等方面均有很大的差异。制造业生产模式具有大批量重复生产的特性，因此这些行业可以投入高额的研发与模具制作费用，以提供满足功能和现代美学标准的高精度产品。而建筑行业大部分项目不具有可复制性，建筑师只能在一定的条件下开展设计工作，为让建筑形态满足复杂曲面的特性，建筑师必须解决曲面弥合的技术难题。很多创意优秀的作品都因为在曲面弥合问题上采取了简单化、粗放式的处理，使建筑形象大打折扣。我们看到万能的三角面在许多作品中不顾环境与建筑需要被大量粘贴复制，使原本独特的建筑形象失去了个性特征。在凤凰中心项目中，设计师也经历了同样的瓶颈状态，只是设计师没有停留在固定思维模式进行常规的设计，而是努力去创造一种机会，从复杂曲面的弥合策略中去寻求创新、适用、经济与美的突破。

4.1.2 幕墙系统创新的概念

高斯曲率分析直观地反映出凤凰中心基础控制面的曲率波动非常巨大，局部区域曲率急剧变化。因此，经过多轮研究后，设计师希望通过微积分的原理来解决建筑造型同实际构造之间的关系，通过化整为零的单元化幕墙系统来拟合理想的建筑外幕墙形态，同时解决幕墙平板化的问题。

设计师提出了幕墙、结构外壳一体化的设计概念，将建筑表皮形式、结构和材料构造进行高度的设计整合。结构、表皮、装饰不再是简单叠加、相互支撑的概念，他们的界限在创作中不断消融和置换，表皮同时也是结构，结构同时也是装饰，所有元素都在对材料的真实表达中得到活力。

设计师开创了一种新的曲面弥合对策——单向折板式弥合技术，它的出现能够有效应对大曲率自由曲面弥合问题。外壳结构双向钢梁侧向分离的概念，使幕墙单元的双向弥合问题成功转化为沿主钢梁的单向弥合问题。利用外壳主钢梁轨迹将复杂建筑体形的表面划分成等宽的和不等宽的间隔两部分。其中等宽部分为有支撑作用的实体幕墙，成渐开线展开的不等宽部分为透光的折板玻璃幕墙。工程实践中，通过主次钢梁分离的概念，避免了钢构之间的交接碰撞，使原本复杂曲面的弥合问题分解到主钢梁、次钢梁、幕墙单元三个层面得到解决。单向非连续的弥合方式能够在保持曲面完整性的情况下，最大化消除四边形弥合中的微差问题，有效降低了构件生产、加工难度，避免了单元构件连续拼接的交缝问题，是一种尊重技术同时具有开创性的曲面弥合策略。具体见图4-1、图4-2。

图4-1　单向折板单元幕墙拟合大曲率曲面（组图）

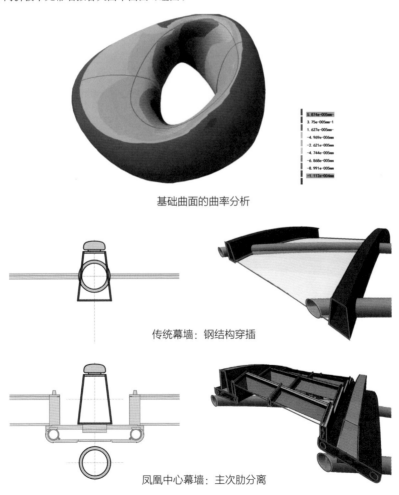

基础曲面的曲率分析

传统幕墙：钢结构穿插

凤凰中心幕墙：主次肋分离

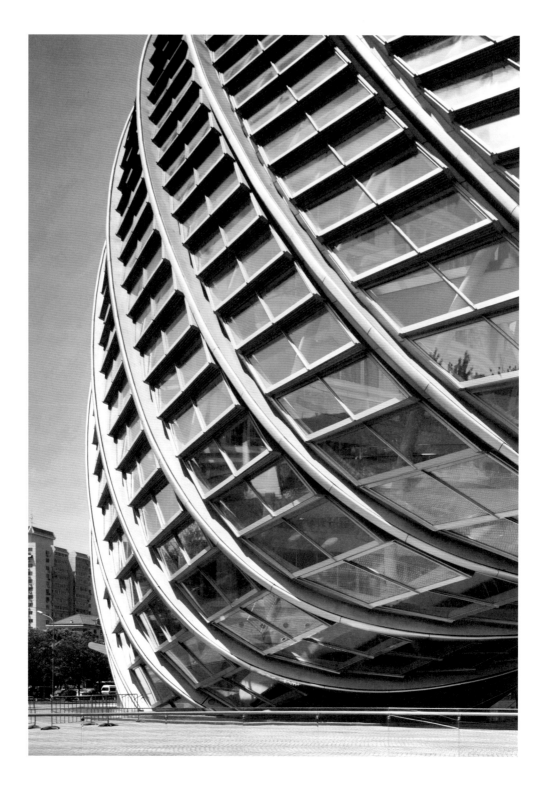

外壳结构双向钢梁侧向分离，使幕墙单元的双向弥合问题成功转化为沿主钢梁的单向弥合问题。通过主次钢梁分离的概念，避免了钢构之间的交接碰撞，使原本复杂曲面的弥合问题分解到主钢梁、次钢梁、幕墙单元三个层面得到解决

图4-2 单向折板式幕墙系统

4.2 生成逻辑

4.2.1 构建外幕墙系统分格线

幕墙分格线的建立与钢结构基础控制线的建立是相辅相成的。在首次创建幕墙分格线时，幕墙分格线被定义为钢结构基础控制线交点的连线。但在后续研究过程中，设计师对于幕墙分格线的定义加入了其他更多的功能性约束条件。比如"如何保持幕墙分格单元在规格上的连续变化性，不至于出现无序的幕墙尺寸变化状态?"设计团队通过Catia二次编程设计完成的等比数列及递推原理进行幕墙分格线的优化，保证其分格满足幕墙单元板块在尺寸上的渐变效果，保证视觉连续性。

另外，设计师还必须满足上文提到的玻璃幕墙在主楼区域"避免外壳钢结构梁和幕墙单元板块边框对室内使用者视线的影响"，主楼区域的幕墙分格线被约束在同结构楼板一样水平的状态下，要么在楼板高度、要么在楼层1/2处，即人视线以上的位置。包括裙房区域的出入口高度部分，为了更好地与建筑出入口空间相适应，幕墙分格线在此区域都被限定成水平状态，然后顺着建筑体形的东西两侧作曲线过渡。这些幕墙分格线的约束条件都会对已有的结构基础控制线建构产生连锁影响。但有意思的是，设计团队巧妙地将主次钢结构梁内外分离，然后在双向钢结构梁的空间缝隙之间嵌入幕墙单元。这种设计策略已经大大削弱了视觉对于幕墙分格线必须100%穿越结构基础控制线交点的要求，这又为结构基础控制线和幕墙分格线的局部优化工作创造了一定弹性（图4-3～图4-7）。

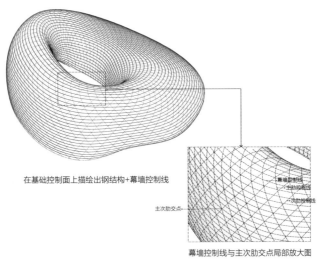

在基础控制面上描绘出钢结构+幕墙控制线

主次肋交点

幕墙控制线与主次肋交点局部放大图

图4-3　在主次钢结构梁基础控制线基础上生成幕墙分格线

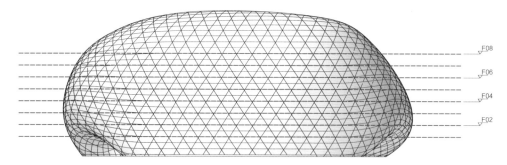

优化幕墙控制线，使其主楼范围内保持水平

主楼区域的幕墙分格线被约束在同结构楼板一样水平的状态下

图4-4　幕墙控制线的修正逻辑（组图）

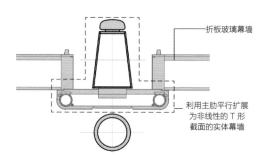

图4-5　主次钢结构梁内外分离后嵌入幕墙体系的创新方式为局部优化工作创造了弹性

图4-6 主次钢结构梁内外分离

图4-7 幕墙单元框架现场安装

4.2.2 构建单向非连续幕墙单元控制框架

从上文可以了解到，外幕墙分格线基于结构基础控制线衍生而来，但是幕墙分格线只能作为幕墙单元边界的最初参照线。设计中还必须推导出一些新的控制条件，为更多技术深化阶段的实际工程问题预留条件。所以，设计团队通过基础主控制线向两侧偏移得到耳板控制线，耳板控制线和幕墙分格线围合的、新的闭合四边形区域则是实际的幕墙单元轮廓线。耳板控制线的出现就是为了给幕墙和结构体系的连接留下足够的构造空间。需要注意的是，此时得到的平行四边形幕墙单元轮廓线在空间中对应的表面仍然为曲面形式，其四条边线并不共面。目前还只是解决了幕墙分格的问题，在幕墙单元边界条件稳定的情况下，需要研究适合大曲率造型的幕墙平板化方式。

设计团队提出以类似簸箕的幕墙单元框架来模拟连续的曲面走势，通过严格的几何逻辑，运用计算机编程最终保证每个幕墙单元各个控制面均为平板。模拟外壳玻璃面所在空间边界的基础控制面以及描述外壳钢结构主次钢梁轨迹的基础控制线，是构建外幕墙系统生成逻辑的基础条件。下面则是通过对位于主楼区域的一段典型幕墙样板段平板化过程的描述（R6–R7轴之间，F5–F6层之间），来详细了解折板幕墙单元板块的几何逻辑建构过程以及幕墙系统同结构系统的关系（图4-8）。

可见，幕墙折板单元的几何逻辑是以外壳钢结构主控制线、次控制线以及基础控制面之间的基本几何关系为前提推导出来的。这种推导过程是一个不断化整为零、通过微积分原理来模拟最初建筑形态特征的过程。在稳定幕墙折板单元几何建构逻辑之后，借助计算机编程可以更快速完成整体幕墙折板单元控制框架的模型（图4-9、图4-10），最终得到的每个幕墙折板单元各个表面均为平板。设计师将这些平板定义成幕墙单元的建筑完成面，后续加工企业将在这些完成面的控制范围内完成幕墙专业自身的深化设计。另外，设计师刻意控制了每个折板单元的玻璃面板（控制面2）与下侧封板（控制面1）之间的垂直关系。这种垂直关系对于后续加工深化中最大化地实现节点标准化有着重大意义。

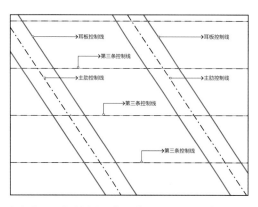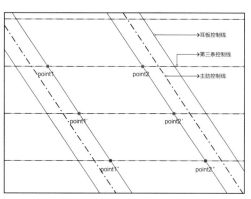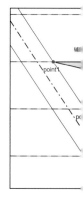

（a）主基础控制线向两侧沿曲面按照统一的参数作偏移，得到幕墙耳板控制线

（b）幕墙分格线和耳板控制线的交点作为幕墙单元基础控制点Point1、Point1'、Point2、Point 2'

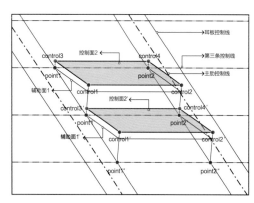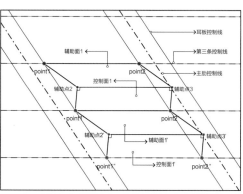

（d）通过Point1'和Point2'生成辅助面1的垂直面即控制面1。再通过Point1'和Point2'分别做到辅助面1和控制面1交线的垂线，生成辅助点2和辅助点3

（e）按同样的方法生成下一个折板单元（Point1'、Point2'、Point1"、Point2"）的辅助面1'和控制面1'

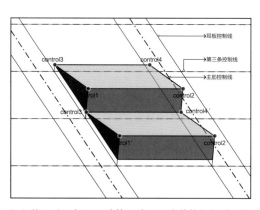

（g）将控制面2'延伸至与控制面1相贯，相贯线与两侧相交生成控制点Control3'、Control4'，同理求得控制点Control3、Control4

（h）按上述逻辑通过计算机编程生成其他折板单元控制框架

图4-8　折板幕墙单元生成逻辑（组图）

）通过Point1′和Point2′组成线段的
点做基础控制面的法线，在法线
J350mm处得到辅助点1。由Point1、
int2和辅助点1生成辅助面1

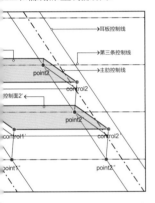

）将辅助面1和辅助面1′向外
移250mm，生成控制面2和控
面2′。生成控制点Control1、
ontrol2、Control1′、Control2′

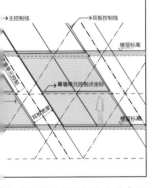

）幕墙单元各边界定位的参照
示意

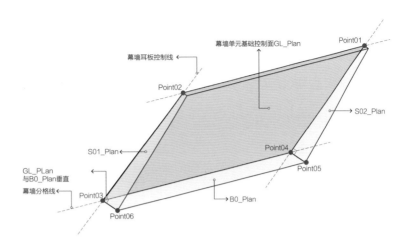

图4-9　每个幕墙单元均通过6个空间定位点进行
几何定位幕墙单元各基础控制面间的几何关系

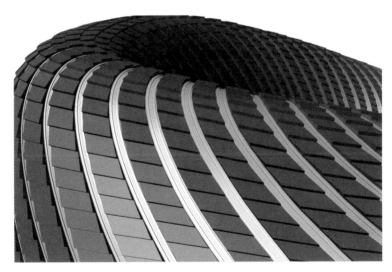

图4-10　通过计算机编程完成的整体折板幕墙单元控制框架模型

4.3 外幕墙系统的组成

4.3.1 非线性实体幕墙系统

凤凰中心利用结构主钢梁平行扩展成非线性的T形截面实体幕墙。实体幕墙自由扭曲的轨迹也就是结构主钢梁非线性的轨迹。T形截面是完全相同和等宽的。结构主钢梁组成了T形截面中"|"的部分。另外,设计师在主钢梁梯形截面的端部饰以弧形铝型材扣盖,不仅使钢结构的线条造型更加光顺,而且可以从视觉上很好地消除施工偏差带来的影响。T形截面中的"—"的部分,定义为耳板构造,是利用外壳钢结构控制线侧向偏移形成的耳板控制线之间的空间安排幕墙构造。耳板是联系主体钢结构和幕墙单元的转换结构,是悬挂折板玻璃幕墙单元的承台。

非线性实体幕墙系统利用金属材料可塑性的特性,进行了连续弯扭设计,其中结构钢为连续无缝焊接加工,铝板与型材为板块拼接加工。所有弯曲构件都依赖高精度的三维信息模型指导数字设计与深化。非线性实体幕墙系统为建筑外壳的各种性能要求提供了重要的支持,比如热工性能、眩光控制、室外雨水导流、室内声环境控制等。非线性实体幕墙系统为建筑独特的美学效果起到了基础性支撑作用。

4.3.2 单向折板式幕墙系统

建筑的表皮由实体幕墙和玻璃墙两部分组成,其中实体幕墙部分为沿主钢梁展开的等宽连续条带,玻璃幕墙部分则呈现连续的条状渐开线曲面形态。设计师放弃了常规的自由曲面处理方法——单曲玻璃或者是常规的三角形平板玻璃方案,而是选择了更适合本项目的折板玻璃幕墙单元与实体幕墙相组合的体系,由此形成单向折板式幕墙概念(图4-11、图4-12)。

通过研究,设计师选择了一种折板体块,以首尾相接的组合方式弥合条状的自由曲面表皮。它是通过基础控制面上主钢梁控制线以及反映幕墙单元分格的"第三根线"逐步推导而来,根据已知的四个控制点求得一个与基础控制面具有相互关系,并成直角的两个折面。直角折面的两侧被三点控制的平面封堵。成直角的两个折面中,大面为透明玻璃板,小面为可开启扇,两侧为固定实板。这种折板幕墙单元全部是由平板材料组成,极大地提高了建造的可操作性,同时又具有完美的艺术效果。

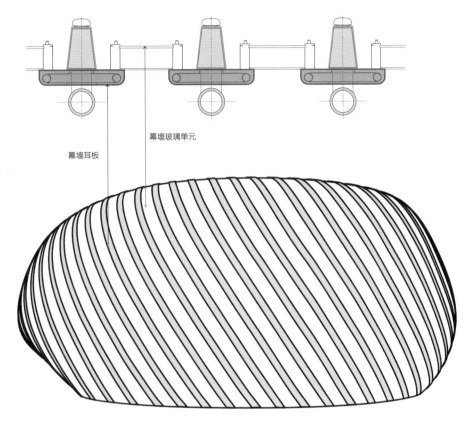

幕墙玻璃单元

幕墙耳板

图4-11　虚实对比渐开线的控制关系

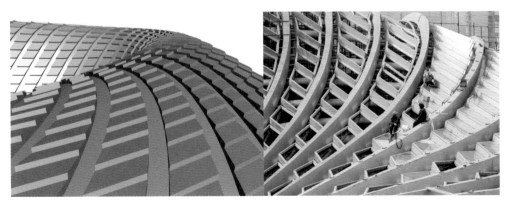

图4-12　单向折板式幕墙系统

4.4　外幕墙系统的类型

外幕墙单元的类型参见图4-13。

（1）固定式标准幕墙单元分布于钢结构屋盖外幕墙的各个立面。

（2）自然排烟口幕墙单元位于钢结构屋盖外幕墙顶部和底部的分水岭处。顶部单元为最先安装单元，底部为最后安装单元。

（3）通风口幕墙单元位于钢结构屋盖外幕墙顶部和7m平台处一圈外围。

（4）彩釉遮阳幕墙单元，根据日照与遮阳模拟计算布置于外壳腰部以上大部分区域。

（5）设备进排风口幕墙单元，配合厨房、上设备层，位于对应功能空间北侧设备进排风口。

（6）底部非标准幕墙单元位于外幕墙底部一层拱底的两侧。该种板块数量较少，形状不规则。

图4-13　外幕墙单元的类型（组图）

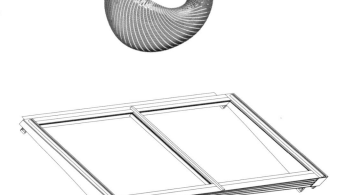

类型1：标准单元

类型4：彩釉遮阳单元

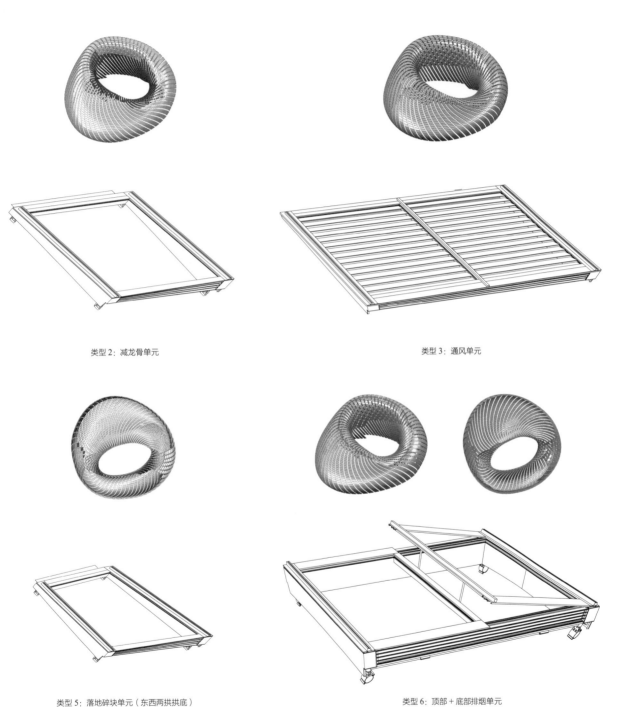

类型 2：减龙骨单元

类型 3：通风单元

类型 5：落地碎块单元（东西两拱拱底）

类型 6：顶部 + 底部排烟单元

4.5 数据信息的传递

凤凰中心复杂的形态，使得幕墙图纸只能用来表达理想的标准化节点的构造原则和标准。所以，设计单位向幕墙加工企业提供了整体折板幕墙单元控制框架以及一系列的信息说明文件——基础几何控制信息和外壳幕墙信息说明。并且，通过幕墙样板段的测试工作，对幕墙构造和材料选型进行了优化。与传统的仅以二维图纸资料为基础的信息传输方式相比，凤凰中心的幕墙加工企业只需要在折板幕墙单元控制面及幕墙单元生成逻辑的限定下，继续深化完善幕墙的构造设计即可，其工作范围和工作目标更为明确，工作成果更可控、精确度更高。具体参见图4-14、图4-15。

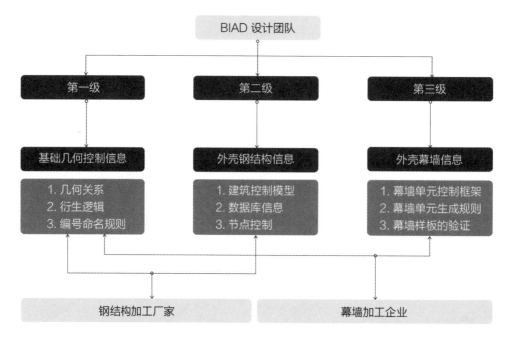

图4-14　第一、二、三层级数据信息的传递

图4-15 基础几何控制信息和外壳幕墙数据信息的传递（组图）

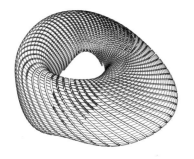

（a）BIAD_UFo提供完整幕墙控制模型

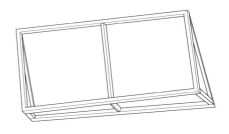

（b）加工企业深化设计幕墙单元

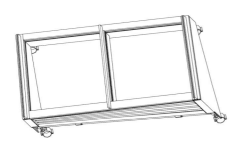

（c）加工企业深化设计幕墙单元模型

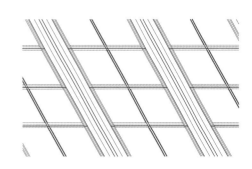

（d）利用程序二次开发自动生成所有幕墙单元深化模型

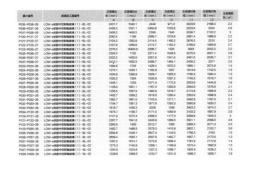

（e）利用程序二次开发自动提取所有幕墙单元数据信息

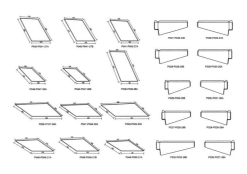

（f）必要时由数据信息自动生成加工图纸

4.6 幕墙深化设计[①]

4.6.1 外幕墙系统深化难点

对于凤凰中心独特的折板幕墙单元而言，如何实现板块的平滑过渡，如何确保单元板块自身稳定并与主体结构可靠连接，如何保证水密性、气密性及热工性能等均成为本项目的深化设计难点。可归纳为以下几点：

（1）如何与建筑设计控制模型无缝对接，并为幕墙工程深化设计、加工、安装提供可靠的数据。

（2）如何适应、吸收建筑主体三维方向的变形，这对大跨度主体钢结构建筑上的幕墙尤其重要。如果说曲面弥合或者板片化是建筑师实现外形控制效果的宏观策略，那么变形控制就是决定这种宏观策略能否精确实现的砝码。传统建筑设计中，建筑构件的变形问题可以通过在一定距离预留"三缝"——伸缩缝、防震缝、沉降缝来简化解决。对复杂形体设计而言，变形具有各向异性及不确定性，因此对构件的变形控制必须精确到每一个构件。

（3）怎样采用更合理、科学的幕墙构造设计满足气密性、水密性和热工性能的要求。

（4）折板幕墙单元尺寸规格各不相同，空间定位坐标复杂。

4.6.2 构造深化设计

1. 幕墙按构造划分归类

通过对模型的分析研究，以及对施工工艺需求的考虑，加工企业将外幕墙系统分解成三大部分进行构造和材料的深化设计（图4-16）：

第一部分为折板玻璃幕墙单元部分。主要包括折板幕墙单元钢框架、折板玻璃幕墙单元的支座连接件、铝合金龙骨、铝合金百叶、铝合金外扣盖、开启窗、自身的防水铝板及玻璃面板。

第二部分为T形截面实体幕墙部分。主要包括折板玻璃幕墙单元的支座抱箍、

① 本节根据幕墙厂家深圳金粤幕墙装饰工程有限公司提供资料整理编写而成。

图4-16　幕墙节点构造大样及三大部分划分

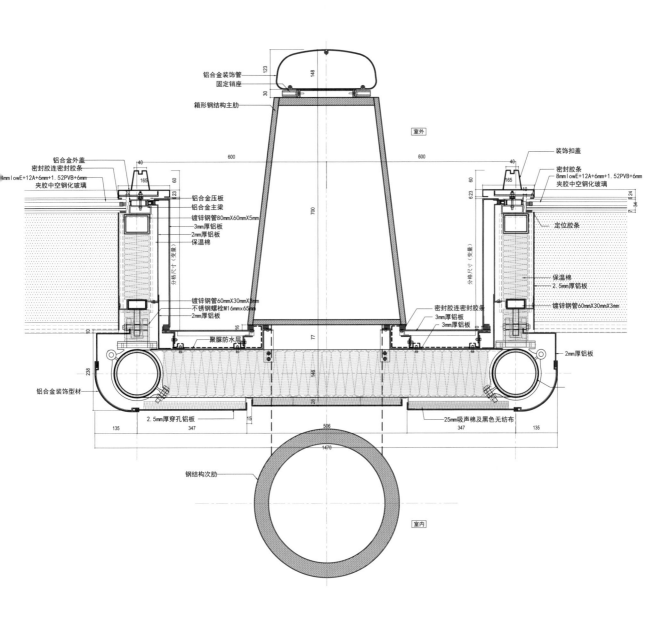

铝合金装饰管
固定销座
箱形钢结构主肋

室外

铝合金外盖
密封胶连密封胶条
6mmlowE+12A+6mm+1.52PVB+6mm
夹胶中空钢化玻璃

600
600

装饰扣盖
密封胶条
8mmlowE+12A+6mm+1.52PVB+6mm
夹胶中空钢化玻璃

铝合金压板
铝合金主梁
镀锌钢管80mmX60mmX5mm
3mm厚铝板
2mm厚铝板
保温棉

定位胶条

镀锌钢管60mmX30mmX3mm
不锈钢螺栓M16mmX65mm
2mm厚铝板

保温棉
2.5mm厚铝板
镀锌钢管60mmX30mmX3mm

密封胶连密封胶条
3mm厚铝板
3mm厚铝板

聚脲防水层

2mm厚铝板

铝合金装饰型材

2.5mm厚穿孔铝板

25mm吸声棉及黑色无纺布

钢结构次肋

室内

折板玻璃幕墙单元部分

T形截面实体幕墙部分

联系折板玻璃幕墙单元和
T形截面实体幕墙的部分

耳板室内侧铝型材、耳板室内侧装饰穿孔铝板、耳板室外侧水槽底板、防水密封胶、保温棉、耳板转角装饰线。

第三部分为联系折板玻璃幕墙单元和T形截面实体幕墙的部分。主要包括耳板室外侧聚脲防水层、折板玻璃幕墙单元外装饰铝板、耳板室外侧水槽底板外装饰板和防水铝板连接板。

2. 折板玻璃幕墙单元部分

主要包括折板幕墙单元钢框架、折板玻璃幕墙单元的支座连接件、铝合金龙骨、铝合金百叶、铝合金外扣盖、开启窗、自身的防水铝板及玻璃面板。

凤凰中心在实际安装中采用的是半单元化的实施模式。折板幕墙单元钢框架与支座连接件在工厂加工完成，在现场按照安装坐标就位。而铝合金龙骨、铝合金百叶、铝合金外扣盖、开启窗、自身的防水铝板及玻璃面板的拼装则是在现场完成的。

（1）单元板块铝合金防水板。

（2）单元板块玻璃、百叶、幕墙外扣盖。

单元板块外侧装饰铝板及水槽装饰铝板安装完成后，进行单元板块玻璃、百叶、幕墙外扣盖安装［图4-17（a）~（e）］。

3. T形截面实体幕墙部分

主要包括折板玻璃幕墙单元的支座抱箍、耳板室内侧铝型材、耳板室内侧装饰穿孔铝板、耳板室外侧水槽底板、防水密封胶、保温棉、耳板转角装饰线。

（1）支座抱箍

折板玻璃幕墙单元板块通过钢抱箍固定在耳板的钢管上，该钢管是联系主体钢结构和幕墙系统的转换条件［图4-17（g）］。

单元板块支座在水平面内通过副支座可左右调±25mm,通过支座和立柱间的螺纹上下可调±30mm［图4-17（h）］。

图4-17 安装折板玻璃幕墙单元部分及T形截面实体幕墙部分（组图）

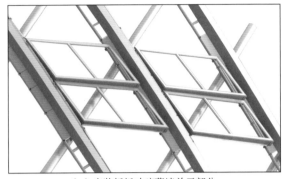

（a）安装折板玻璃幕墙单元部分

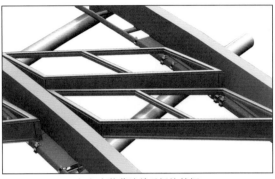

（b）安装幕墙单元板块外框

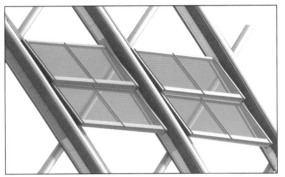

（c）安装幕墙单元板块玻璃

单元板块百叶

（d）安装幕墙单元板块百叶

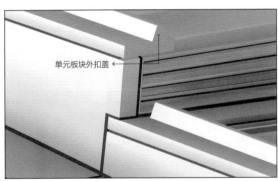

单元板块外扣盖

（e）安装幕墙单元板块外扣盖

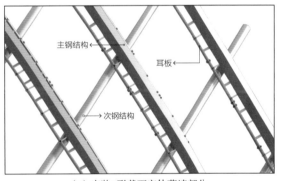

主钢结构　　耳板

次钢结构

（f）安装T形截面实体幕墙部分

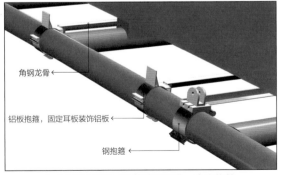

角钢龙骨

铝板抱箍，固定耳板装饰铝板

钢抱箍

（g）安装T形截面实体幕墙部分：支座抱箍

上下可调 ±30mm　　单元板块支座

副支座

左右可调 ±25mm

（h）安装T形截面实体幕墙部分：支座抱箍

（2）水槽底板

水槽底板与单元板块无相互关联，可连续安装［图4-18（a）］。

（3）主钢结构底部内侧打防水密封胶

为达到良好的水密性要求，在安装主钢结构和耳板之间的保温棉之前在主钢结构和水槽底板的接缝处打防水密封胶，保证幕墙系统的防水性能［图4-18（b）］。

（4）保温棉

完成主钢结构和水槽底板的接缝处打防水密封胶后，安装主钢结构和耳板之间的保温棉［图4-18（c）］。

（5）耳板室内侧装饰穿孔铝板

耳板装饰穿孔铝板可在抱箍及水槽底板安装后进行安装［图4-18（d）～（e）］。

（6）耳板室内侧其余部位铝板

单元板块室内其余部位铝板需耳板装饰线完成且复核尺寸后进行加工及安装。

4. 联系折板玻璃幕墙单元和T形截面实体幕墙的部分

主要包括耳板室外侧聚脲防水层、折板玻璃幕墙单元外装饰铝板、耳板室外侧水槽底板外装饰板和防水铝板连接板。

（1）折板玻璃幕墙单元板块与耳板室外侧水槽间防水板

单元板块安装后，进行防水板安装，然后进行挂点及转接件安装，最后进行防水密封胶施工［图4-18（f）］。

（2）聚脲防水层

防水板、挂点及转接件安装完成后，涂刷聚脲防水层［图4-18（g）］。

（3）单元板块外侧装饰铝板及水槽装饰铝板

聚脲防水层涂刷完成后，安装单元板块外侧装饰铝板及水槽装饰铝板［图4-18（h）］。

图4-18 安装T形截面实体幕墙部分及联系折板玻璃幕墙单元和T形截面实体幕墙的部分（组图）

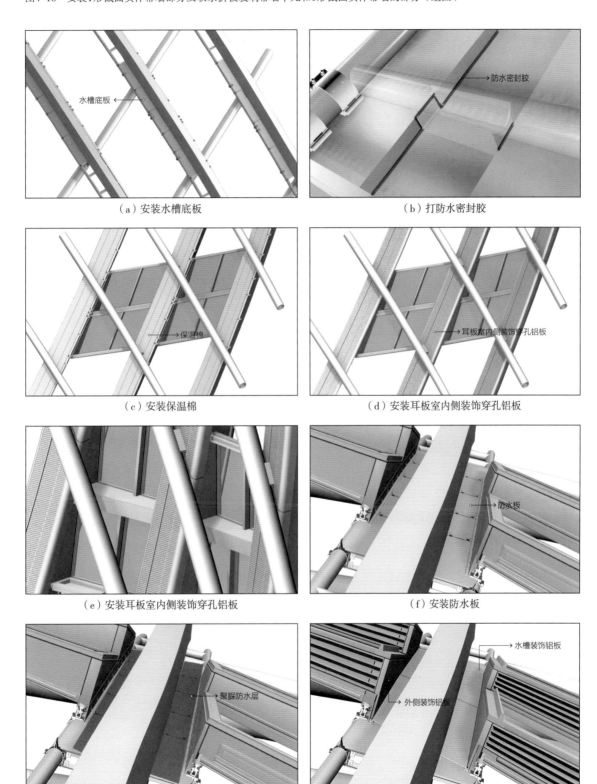

（a）安装水槽底板

（b）打防水密封胶

（c）安装保温棉

（d）安装耳板室内侧装饰穿孔铝板

（e）安装耳板室内侧装饰穿孔铝板

（f）安装防水板

（g）安装聚脲防水层

（h）单元板块外侧装饰铝板及水槽装饰铝板

4.6.3 深化设计成果的信息化

如何实现幕墙深化设计模型与建筑设计控制模型无缝对接，并通过模型自动生成数据信息，为幕墙工程加工、安装提供可靠的数据，是摆在加工企业面前的一大难题。设计单位传递给加工企业的建筑设计控制模型是基于Catia软件进行参数化建模生成的。为了最大程度地与建筑设计控制模型无缝对接，加工企业也直接采用了Catia软件，在建筑设计控制模型中，在已确定幕墙基础控制点信息的基础上接力开展深化设计模型的工作。

但从幕墙构造深化设计的需求来看，每个折板幕墙单元均包括折板玻璃幕墙单元、T形截面实体幕墙以及上述二者的联系体三大部分，不少于20种构件类型。总体幕墙构件量达到数十万，且均为异形构件，尺寸各不相同，加工数据量达到百万数量级。如此多的构件及数据量，无法靠手工完成建模过程。为此，加工企业自主研发并编写了一套基于Catia软件的程序系统——凤凰中心数据信息生成系统。这套系统的原理是先建立几个标准的折板幕墙单元，详细分析一个折板单元各个构件之间的构造逻辑关系以及各个折板单元之间的连接逻辑关系，然后通过程序驱动这些逻辑关系，最终实现通过程序自动生成所有单元板块模型的目的。前文描述的幕墙单元生成逻辑对于定义程序的输入条件至关重要。每个折板幕墙单元都是通过耳板控制线和"第三根线"所限定的幕墙单元分格关系推导而来。因此，在设计单位提供的基础控制面、基础控制线、耳板控制线、"第三根线"等基本几何元素信息及其编码信息数据库的基础上，加工单位通过VB编程，建立起前端输入的编码信息与后台几何元素信息库数据调取动作的联系，由程序驱动被调取的几何元素数据信息，按照统一的生成逻辑完成建模运算，自动生成单元式折板幕墙的深化设计模型。

有了整个幕墙深化设计模型，还必须从模型中提取用于幕墙工程加工、安装的各种数据信息，这些数据是海量的，如果通过手工提取，工作量巨大，而且精确性无法保证。因此，通过VB二次编程，"凤凰中心数据信息生成系统"还实现了从模型中自动提取构件加工数据的功能。

1. 基于Catia软件的幕墙深化设计模型构建过程

参见图4-19。

（1）建立单元板块龙骨体系：

根据幕墙单元板块系统节点构造，在已确定的单元板块定位点基础上，手工建立龙骨体系模型［图4-19（a）、（b）］。

（2）建立单元板块铝型材体系和防水体系：

根据幕墙单元板块系统节点构造，手工建立单元板块铝型材体系和防水体系模型［图4-19（c）］。

（3）建立单元板块外装饰铝板及玻璃体系：

根据幕墙单元板块系统节点构造，手工建立单元板块外装饰铝板及玻璃体系模型［图4-19（d）］。

（4）单元板块鳞片衍生（外视）：

以前面步骤手工建立的单元标准板块模型所对应的主结构控制点为基础点，通过二次VB编程，将"标准板块模型"超级拷贝（即特殊复制、超级副本）到其他主结构控制点上（即改变主结构控制点的位置和相对关系，替换主结构控制点），生成其他单元板块模型［图4-19（e）］。

（5）单元板块整列鳞片衍生：

通过超级拷贝（即特殊复制、超级副本）程序，输入整列单元板块控制点的三维数据，自动生成整列单元板块模型［图4-19（f）］。

2. 基于Catia模型数据的信息生成系统——凤凰中心数据信息生成系统主要界面

凤凰中心数据信息生成系统分为两大部分：鳞片衍生和数据提取（图4-20）。

"鳞片衍生"用于自动生成折板幕墙单元板块。

"数据提取"用于自动生成单元板块模型的基础数据。

图4-19 基于Catia软件的幕墙深化设计模型构建过程（组图）

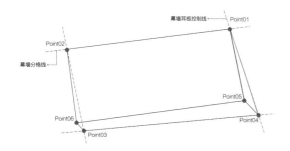

（a）P006-P007_26幕墙基础控制面几何关系及命名

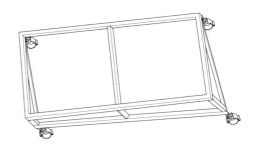

（b）根据幕墙单元板块系统节点构造，手工建立龙骨体系模型

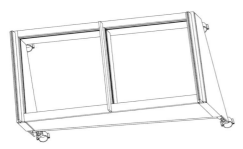

（c）根据幕墙单元板块系统节点构造，手工建立单元板块铝型材体系和防水体系模型

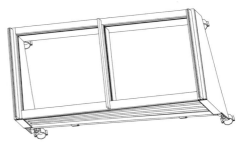

（d）根据幕墙单元板块系统节点构造，手工建立单元板块外装饰铝板及玻璃体系模型

（e）以前面步骤手工建立的单元标准板块模型所对应的主结构控制点为基础点，通过二次VB编程，将"标准板块模型"超级拷贝到其他主结构控制点上，生成其他单元板块模型

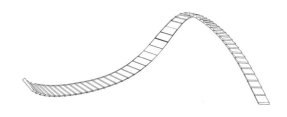

（f）通过超级拷贝程序，输入整列单元板块控制点的三维数据，自动生成整列单元板块模型

图4-20 基于Catia模型数据的信息生成系统——凤凰中心数据信息生成系统（组图）

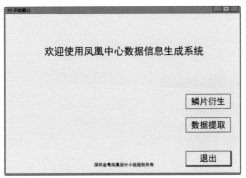

（a）凤凰中心数据信息生成系统主要界面

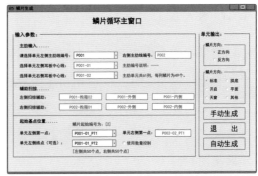

（b）Catia模型数据信息生成系统——单元板块鳞片衍生

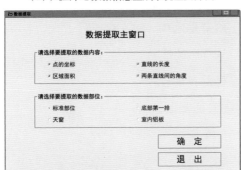

（c）Catia模型数据信息生成系统——数据提取

（d）Catia模型数据信息生成系统——原始数据生成

（e）Catia模型数据信息生成系统——原始数据二次加工
通过VB编写程序在Excel中对原始数据进行二次加工

（f）Catia模型数据信息生成系统生成最终加工单表格

（g）Catia模型数据信息生成系统——数据表格自动转
CAD绘图，通过VB编程控制，在CAD中导入Excel数
据表格后自动生成CAD图形

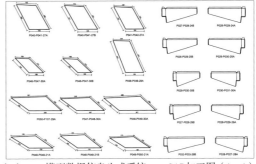

（h）Catia模型数据信息生成系统——CAD加工图（1∶1）

4.7 幕墙的加工与安装[①]

4.7.1 生产加工

凤凰中心幕墙生产加工主要可概括为四个步骤，首先利用幕墙厂家自主开发的数据信息生成软件自动提取幕墙信息，再将数据信息导入数控加工机组进行标准化生产，原件生产完成后再进一步数控切割、铣洗，最后进行工厂组装（图4-21）。

凤凰中心数据信息生成系统可以自动导出所有幕墙构件控制点的空间坐标。随后通过程序编写接口程序，将空间坐标数据表格导入矢量图纸里，这些带有坐标信息的控制点经过逻辑运算自动生成带有几何尺寸信息的几何图形，并可直接储存为二维加工图纸。随后，工厂将二维图纸信息输入数控机床中进行数控切割，完成数控加工。

在现场吊装时，首先在Catia中提取安装控制点的空间坐标，与现场已有的主体结构定位进行校核，通过调整数据信息进行模型中构件几何信息的调整，以减小施工误差。并对每个板块和零件采用独立的编号。当在工厂或工地现场，将板块或零件的编号输入软件中，可以迅速查找出其所属的单元位置和安装定位信息，确保了板块安装的有序、准确和高效（图4-22、图4-23）。

凤凰项目的幕墙分项工程真正实现了数字化设计与数字化加工的无缝对接，是国内首个大规模应用数字信息技术的工程案例，解决了数字信息技术与建筑产业深度融合的问题。实现了数字信息的无纸化建立、无缝传递与加工生产，成功地达到了精确化工程控制的目标，成为信息时代下，建筑产业发展过程中的重要示范。

图4-21　幕墙数控加工、铣洗仪器（组图）

3轴数控锯切机（意大利飞幕FOM）

4轴加工中心DALI40（意大利飞幕FOM）

4轴加工中心FLEN（意大利飞幕FOM）

端铣机（意大利飞幕FOM）

[①] 本节根据幕墙厂家深圳金粤幕墙装饰工程有限公司提供资料整理编写而成。

图4-22 软件自动提取的幕墙信息表（组图）

鳞片编号	顶部龙骨交圆管长度边左&边下角度（°）	顶部龙骨交圆管长度边右&边右角度（°）	顶部龙骨交圆管长度边右&边上角度（°）	顶部龙骨交圆管长度边上&边左角度（°）
P023-P024-02	143.29	135.7	132.76	140.35
P023-P024-03	140.31	136.48	134.53	138.36
P023-P024-04	135.06	134.45	132.85	133.46
P023-P024-05	129.82	48.15	49.03	128.94
P023-P024-06	53.67	51.93	52.78	54.52
P023-P024-07	56.01	53.53	53.1	55.57
P023-P024-08	56.3	55.14	54.38	55.54
P023-P024-09	57.11	55.46	54.74	56.39
P023-P024-10	56.35	55.58	55.05	55.81
P023-P024-11	56.18	56.25	54.92	54.84
P023-P024-12	56.47	54.88	54.22	55.81
P023-P024-13	56.83	55.65	54.59	55.76
P023-P024-14	56.9	54.76	53.54	124.32
P023-P024-15	122.58	53.59	53.1	123.08
P023-P024-16	121.44	54.98	126.29	122.71
P023-P024-17	121.6	55.72	125.66	122.97
P023-P024-18	121.78	124.93	126.5	123.35
P023-P024-19	121.17	124.69	125.59	57.93

P023-P024 单元角度数据信息表

鳞片编号	组装图编号	龙骨中心距 L1	龙骨中心距 L2	龙骨中心距 L3	龙骨中心距 L4
P004-P005-02	CCZK-01	2391.4	5003.4	2320.5	5019.6
F004-P005-03	CCZK-01	2350.1	5017.3	2341.9	5019.5
P004-P005-04	GCZK-01	2269.1	5018.5	2221.1	5034.9
P004-P005-05	CCZK-01	2472.5	5032.4	2426.7	5033.2
P004-P005-06	CCZK-01	2281.4	5029	2314.1	4985.6
P004-P005-07	GCZK-01	2421.5	4981.8	2333.3	5023.6
P004-P005-08	CCZK-01	2687.5	5020.3	2644.6	5036.9
P004-P005-09	GCZK-01	2292.4	5033.4	2312.1	4998.3
P004-P005-10	GCZK-01	2337	4994.8	2268.7	5059.7
P004-P005-11	GCZK-01	2294.6	5060.8	2228.5	5115.2
P004-P005-12	GCZK-01	2394.4	5113.9	2414.4	5102.2
P004-P005-13	CCZK-01	2349.1	5099	2328.1	5089.7
P004-P005-14	CCZK-01	2304.6	5082.4	2368.6	4987.3
P004-P005-15	GCZK-01	2221.7	4975.7	2357	4826.8
P004-P005-16	CCZK-01	2302.7	4814.8	2324.7	4736.1
P004-P005-17	GCZK-01	2257.9	4724.4	2279.7	4647.4
P004-P005-18	GCZK-01	2216.9	4634.5	2342	4464.4
P004-P005-19	CCZK-02	2369.2	4448.3	2458.4	4287.2

P004-P005单元钢框架控制数据定位信息表

图4-23 现场吊装幕墙

4.7.2 现场吊装

1. 折板玻璃幕墙单元板块的安装

折板幕墙单元的定位取决于支座的定位准确与否。在深化设计过程中，加工单位以钢抱箍支座顶面的中心点位作为定位参照。钢抱箍的坐标数据直接通过程序从模型中读取，保证单元板块安装位置准确无误。安装过程见图4-24。

图4-24　折板玻璃幕墙单元板块的安装过程（组图）

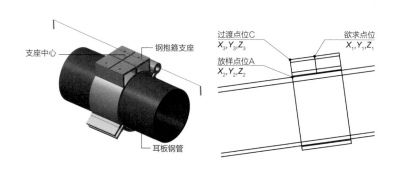

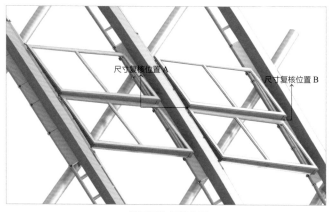

单元板块复核位置

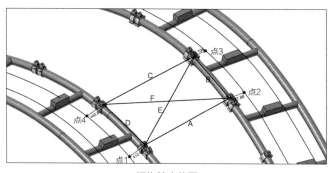

钢抱箍定位图

折板幕墙单元的钢框架及支座在工厂加工拼装完成，运输到工地后，通过单元板块支座固定到已经精确安装在耳板上的钢抱箍上，然后再完成其他幕墙构件的现场安装（图4-24）。

图4-24　折板玻璃幕墙单元板块的安装过程（组图）

鳞片编号	抱箍基点1			抱箍基点2			抱箍基点3			抱箍基点4		
	(X) 坐标	(Y) 坐标	(Z) 坐标	(X) 坐标	(Y) 坐标	(Z) 坐标	(X) 坐标	(Y) 坐标	(Z) 坐标	(X) 坐标	(Y) 坐标	(Z) 坐标
P001-P002-03	-51577.6	-17667.18	6647.98	-48310.68	-21679.85	5611.73	-49754.35	-21118.78	7694.25	-53027.76	-17138.56	8600.23
P001-P002-04	-53146.05	-17085.51	8767.41	-49866.73	-21066.91	7861.38	-51164.26	-20384.98	9864.41	-54427.98	-16409.89	10671.84
P001-P002-05	-54537.99	-16342.74	10844.1	-51270.15	-20322.87	10036.22	-52455	-19550.64	12069.38	-55705.75	-15525.85	12782.65
P001-P002-06	-55803.17	-15448.25	12955.52	-52550.12	-19481.33	12241.19	-53551.79	-18668.8	14133.73	-56777.23	-14571.37	14817.93
P001-P002-07	-56861.91	-14484.68	14992.74	-53639.35	-18589.85	14307.78	-54566.16	-17656.91	16269.51	-57666.01	-13546.3	16770.73
P001-P002-03	-57737.1	-13451.49	16940.09	-54641.52	-17571.94	16440.23	-55457.12	-16534.55	18416.13	-58429.8	-12387.06	18751.9
P001-P002-09	-58486.12	-12286.43	18915.48	-55520.84	-16442.77	18581.65	-56163.39	-15395.59	20394.48	-59015.45	-11180.2	20644.12
P001-P002-10	-59058.54	-11073.25	20804.77	-56216.24	-15297.14	20559.07	-56709.95	-14247.94	22240.75	-59426.91	-9977.22	22400.11
P001-P002-11	-59457.39	-9865.53	22558.09	-56753.67	-14141.57	22403.1	-57151.94	-13013.89	24109.98	-59699.99	-8738.26	24109.98
P001-P002-12	-59718.53	-8623.54	24263.64	-57185.01	-12901.76	24214.84	-57466.67	-11718.9	25857.12	-59851.78	-7431.34	25817.52
P001-P002-13	-59859.31	-7314.12	25966.68	-57488.28	-11603.29	26012.72	-57667.13	-10369.05	27605.57	-59885.09	-6136.34	27433.22
P001-P002-14	-59883.21	-6017.22	27577.59	-57680.05	-10247.67	27755.56	-57766.15	-8952.11	29299.97	-59825.01	-4783.04	29017.06
P001-2002-15	-59815.53	-4660.04	29155.05	-57769.32	-8826.98	29444.65	-57755.95	-7560.73	30861.65	-59683.22	-3441.13	30481.41
P001-P002-16	-59665.31	-3314.57	30616.57	-57750.55	-7430.3	31117.02	-57660.02	-6100.25	32364.09	-59448.61	-2065.37	31900.62
P001-P002-17	-59422.64	-1936.21	32028.52	-57647.17	-5963.71	32497.42	-57479.67	-4581.33	33785.95	-59138.73	-683.22	33218.24
P001-P002-18	-59104.64	-551	33339.73	-57458.6	-4439.22	33912.38	-57187.79	-2928.64	35193.92	-58705.42	783.84	34536.74
P001-P002-19	-58661.44	915.02	34650.09	-57157.12	-2784.05	35311.02	-56748.05	-1148.12	36570.72	-58133.88	2366.9	35824.54
P001-P002-20	-58081.62	2499.48	35924.75	-56706.51	-1003.73	36675.7	-56216.86	533.68	37717.3	-57474.11	3908.09	36921.94
P001-P002-21	-57410.67	4044.32	37010.84	-56164.86	683.73	37810.57	-55578.55	2242.58	38686.75	-56696.85	5493.12	37851.66
P001-P002-22	-56623.61	5633.98	37922.77	-55515.26	2397.71	38764.48	-54891.69	3831.75	39390.22	-55918.34	6919.01	38482.13
P001-P002-23	-55833.73	7065.16	38535.08	-54817.15	3994.2	39449.6	-54091.13	5483.77	39879.32	-54988.24	8449.52	38916.62
P001-P002-24	-52007.47	9054.93	39925.75	-52700.82	11667.36	38834.25	-53765.04	10248.34	39054.19	-52967.48	7501.3	40098.95
P001-P002-25	-50812.08	10725.99	39372.04	-51388.84	13269.94	38201.23	-52587.54	11812.02	38794.07	-51901.37	9214.9	39889.94
P001-P002-27	-49398.48	12450.04	38339.29	-49828.22	14945.83	37068.21	-51272.5	13403.7	38129.3	-50697.52	10873.33	39303
P001-P002-28	-47856.69	19122.11	36828.9	-48157.83	16511	35509.96	-49706.7	15066.86	36965.88	-49279.1	12588.16	38234.71
P001-P002-29	-46511.91	15357.33	35299.57	-46769.09	17617.04	34033.7	-48032.24	16618.8	35381.83	-47731.95	14244.82	36694.49
P001-P002-30	-45394.81	16253.74	33907.65	-45579.96	18450.95	32667.05	-46643.58	17709.4	33893.68	-46388.95	15462.08	35150.92
P001-P002-31	-44162.02	17094.58	32286.07	-44300.44	19172.4	31155.99	-45460.25	18527.51	32526.33	-45276.18	16340.64	33755.59
P001-P002-32	-43155.43	17700.56	30887.73	-43214.47	19707.38	29817.81	-44178.38	19234.24	31008.97	-44044.75	17169.18	32126.24
P001-P002-33	-42128.28	18221.9	29411.66	-42099.2	20116.84	28427.25	-43099.03	19758.57	29673.59	-42017.72	17762.54	30728.29
P001-P002-34	-41135.4	18645.18	21927.91	-41010.67	20436.31	27024.6	-41983.01	20151.87	28280.98	-41026.75	18272.7	29249.47
P001-P002-35	-40221.84	18983.51	26497.61	-40016.78	20666.7	25693.6	-40897.65	20467.42	26875.19	-40119.15	18687.32	27761.45
P001-P002-36	-39262.46	19304.49	24913.12	-38966.98	20807.8	24227.22	-39909.59	20685.31	25547.43	-39163.81	19019.9	26332.09

钢抱箍坐标数据及质量控制点数据表

1）首先根据程序调取的钢抱箍顶面中心点的模型数据——Z坐标（标高），将钢抱箍临时固定在主体结构ϕ146耳板钢管上；

2）通过钢抱箍顶面中心点的Z坐标放出与主钢梁底部的相交点，通过给定的抱箍中心点与主钢梁相交点的距离调整抱箍的位置（调整时需保证中心点Z坐标不变）；

3）每一个折板幕墙单元板块对应的四个钢抱箍均按上述第一和第二步进行定位；

4）四个抱箍定位后，复核及分析四个抱箍间的距离及对角线长度，将抱箍进行微调，以满足抱箍间的距离及对角线长度；

5）将已调整完成区域的单元板块用尼龙吊带捆绑好，用吊车吊运到相应位置，先将单元板块的四个耳板调整到与抱箍相适应的角度；后将单元板块的四个支座推到抱箍的夹板内。穿上M16×90的不锈钢螺栓，在单元板块的四个支座两侧分别放置相应厚度的方垫片，暂不旋紧螺母；

6）将安装完成的单元板块依据设计出具的坐标系尺寸对下部外侧的两个角坐标进行复核；对超出偏差范围的进行调整（因第一排单元板是所有安装板块的基础，所以准确程度要求要高），调整完成后旋紧M16×90的不锈钢螺栓的螺母；

7）根据第一排的单元板块的位置，安装第二、三排单元板块，当安装第三排单元板块时要对其坐标位置进行复核，对超出偏差过大的进行调整，必要情况下也要对第二排单元板调整；钢框架单元板块安装沿两个主钢梁间由至上顺序安装；

8）在单元板块安装施工过程中，每隔一排要对其位置的坐标进行复核，对超出偏差过大的进行调整；

9）板块安装时，上部板块吊装到位后，应考虑通过手动葫芦缓慢将铰接件插接到下部单元板块上的铰接件中，复核上下单元板块两侧防水铝板交接处是否错位，同时用全站仪复核铝框上部两个角点的坐标，重点在Z坐标上，与理论值进行对比，Z坐标偏差控制在40mm内，调整好后，将板块上部与抱箍连接固定。最后安装单元板块下部支座。

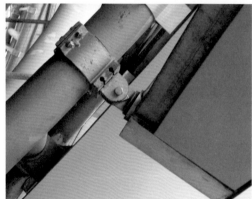
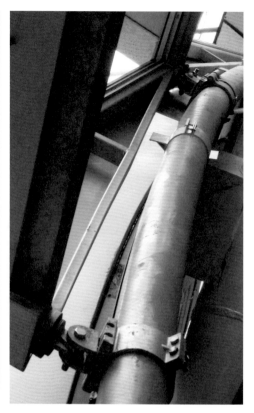

图4-25　折板玻璃幕墙钢抱箍（组图）

2. 钢结构变形监测

（1）钢结构变形原因分析：

钢结构卸载变形、热胀冷缩、沉降变形、幕墙二次加载变形。外壳钢结构会因变形造成建筑物的实际尺寸与设计尺寸不符。

（2）现场实测与理论模型值校核分析、消除误差：

现场主要利用总包提供的水准监测点，利用全站仪进行变形监测。在施工过程中，采用高精度的全站仪进行三维坐标测量，结合变形监测，将整个幕墙系统深化设计模型的三维空间点位、CAD图与现场实测对照，反馈给设计部和加工厂进行微调，消除误差（图4-26）。

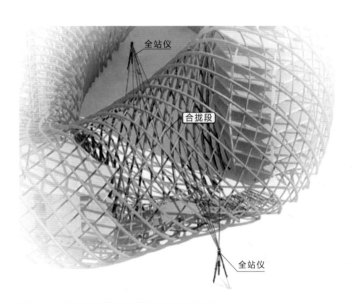

图4-26　利用全站仪对钢结构进行变形监测

4.8 加工制作的创新性^①

本项目基于当下最为新兴的数字技术，实现了崇高的建构理想，带来了丰富多样的建筑形态，而建筑形态的丰富性也为建造团队的研发提出了新的目标。在同样建构逻辑下衍生的建筑构件有着相似却截然不同的尺寸规格。传统基于手工的图纸绘制、加工下料统计在时间和人工成本上面临无法逾越的障碍。在设计团队建筑设计控制模型的基础上，建造团队通过程序开发，实现了建筑设计控制模型到施工深化设计模型的自动生成，以及从施工深化设计模型中自动提取、输出建筑构件数据，完成数控加工。实际上，凤凰中心项目不仅没有因为其自身丰富变幻的形态增加加工制造的成本，相反，因为设计团队与施工团队无缝隙的数字信息传递流程，完成了更加高效、准确且省时、省工的建造环节（图4-27）。

① 本节根据幕墙厂家深圳金粤幕墙装饰工程有限公司提供资料整理编写而成。

图4-27　幕墙系统施工安装（组图）

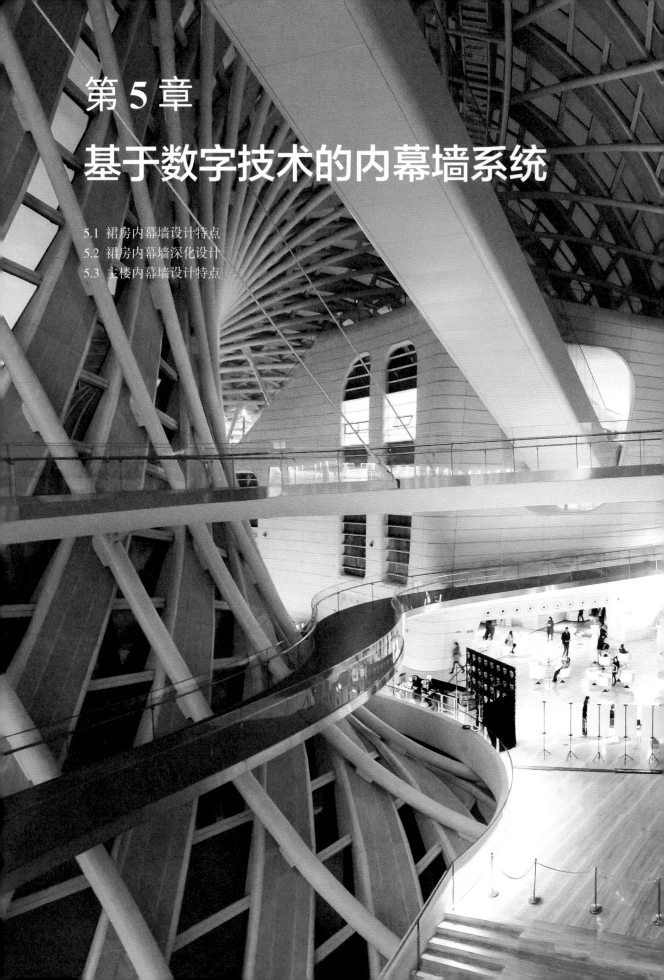

第5章
基于数字技术的内幕墙系统

5.1 裙房内幕墙设计特点

以建筑空间和建筑结构、建筑构造本身的美感来表现室内环境的品质，是凤凰中心室内设计的特点，也是亮点。除了作为建筑内、外立面坦然展现于视野之中的外壳幕墙，演播楼裙房内幕墙在材料的选择、曲面形态优化与拟合、构造设计及标准化建造诸多方面也进行了大胆的尝试。

设计师希望将演播楼打造成在视觉效果上更具有整体感、更纯净的公共空间背景。同时，由于凤凰中心特有的楼中楼构成形态，使得裙房表皮原本作为幕墙体系、复杂的性能要求被简化。设计师有更多机会充分挖掘演播楼的潜力，将其刻画为公共参观体验流线上的重要节点。在早期方案设计中，演播楼裙房内幕墙形态更倾向于自由飘逸的双曲面。但随着造价控制、工艺可实施性、高标准的完成度等一

 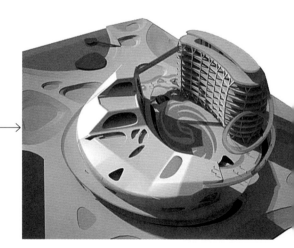

阶段 1   阶段 2

系列要求成为设计师设计优化的目标时，设计师对初始形态的双曲面进行了最大限度的优化和梳理（图5-1）。北侧的壁面优化为完全垂直的圆筒面；裙房东西两侧端头优化为内倾的平面；只在裙房南侧保留了类似碗内壁的、收敛的双曲面效果；裙房顶部不同标高水平台地之间的斜面被优化为大台阶与小台阶的组合体，为公共活动的运营创造了条件。

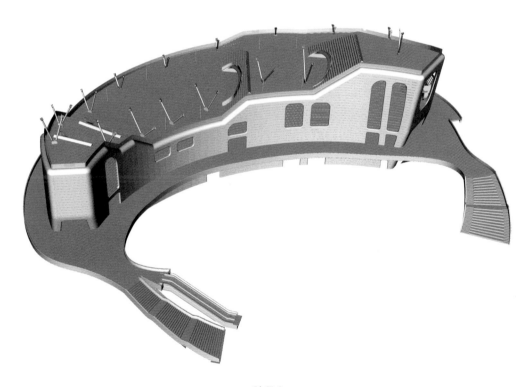

阶段3

图5-1　裙房内幕墙控制形态的优化过程（组图）
方案深化时设计师对初始形态的双曲面进行了最大限度的优化和梳理

5.2 裙房内幕墙深化设计

演播楼裙房内幕墙材料的决策是深化设计中的重要环节。凤凰中心的消防目标是确保外壳钢结构与两座混凝土建筑之间公共空间的安全性。所以，设计师希望将处于两座混凝土建筑与公共空间交界面上的内幕墙材质，设置为具有不燃性能的材料。同时，这种材料还需要兼顾曲面造型的表现力。最终，设计师采用了以水泥为基材的复合板——特种玻璃纤维增强水泥板（缩写 SRC）。这种材料具备很好的不燃烧性能，而且质量轻、强度高、耐久性好，具备任意造型的条件。设计师在深化过程中充分利用材料的上述特性，同时也考虑经济性，除了局部转角部分采用定制性的三维造型板材外，大部分完成面均以市场平板原材作为曲面形态拟合的基本材料，并结合合理的构造设计消除平面外偏差，控制整体曲面形态的连续性。

5.2.1 形态拟合

在确定所采用的裙房内幕墙材料后，设计团队利用 BIM 技术，对内幕墙控制面展开了细致的平板化工作，这也是形态拟合的关键步骤。前面说到，在优化过程中，设计师已经对内幕墙控制面进行了最大化的优化和梳理，仅仅保留了裙房立面与屋顶交接部位大曲率双曲面的原始设计形态，而其他的部位均采用模数化的平板模拟原始的双曲面效果。双曲面板材与平面板材的比例最终控制在 2∶8 的关系。

裙房立面分格的水平模数主体是 2100mm，在裙房东西两头以及裙房窗洞口开口部位会因为整体外形的原因存在一些分模数，但是这些微小的变化都统一在 700mm 的竖向模数中（图 5-2、图 5-5）。

裙房屋面的主体板材模数采用 400mm × 2400mm 的分格，一方面实现非常规、修长的比例效果，另一方面能最高效利用 900mm × 2400mm 原板材的规格。跌落的台阶配合异形的双曲面开口收边，恰到好处地平衡标准化加工和形态效果之间的关系（图 5-3、图 5-4、图 5-6）。

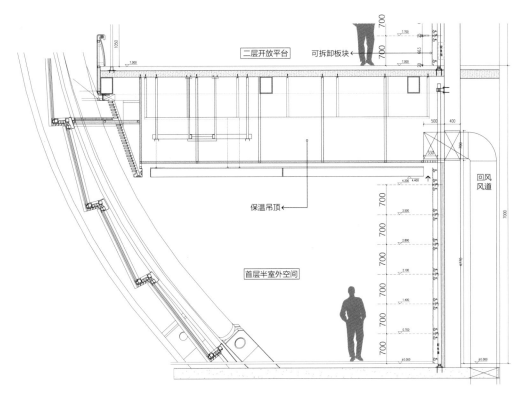

图 5-2　裙房 SRC 分格以 700mm 为竖向模数

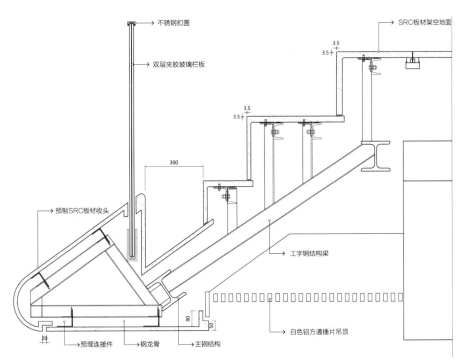

图 5-3　裙房顶收口及跌落的台阶节点大样

图 5-4 裙房屋顶 SRC 排板分格图

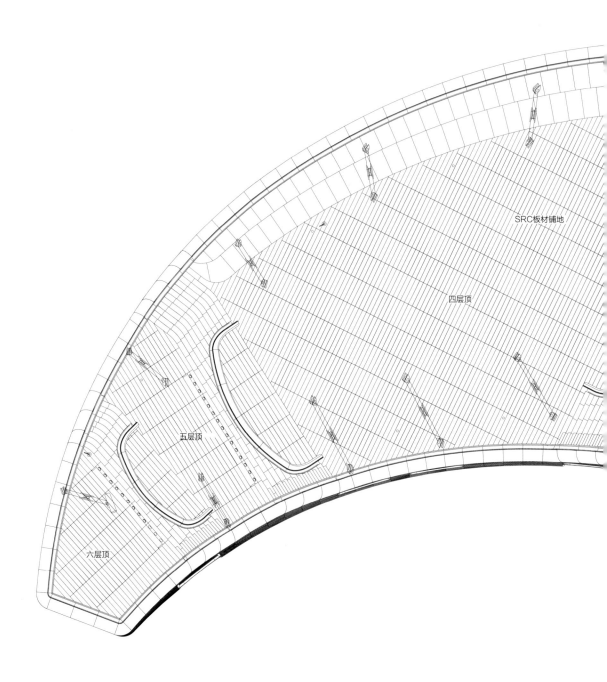

SRC板材铺地

四层顶

五层顶

六层顶

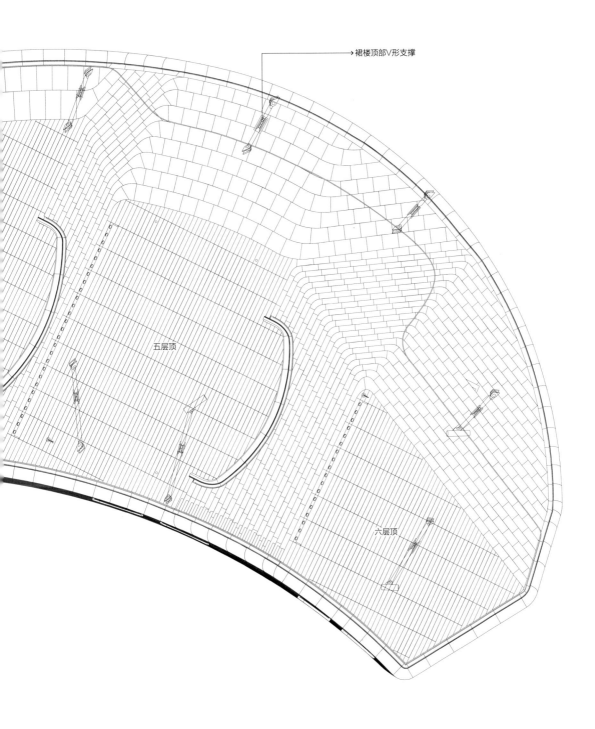

裙楼顶部V形支撑

五层顶

六层顶

图 5-5　裙房立面 SRC 排板分格图

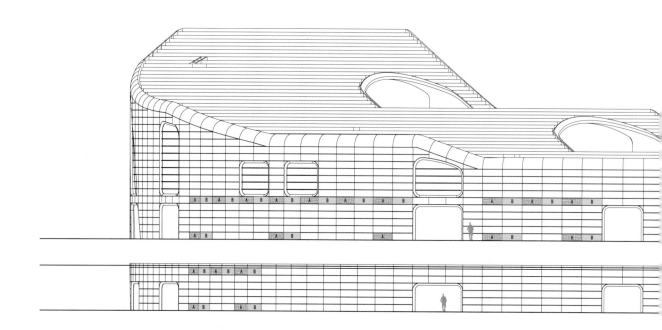

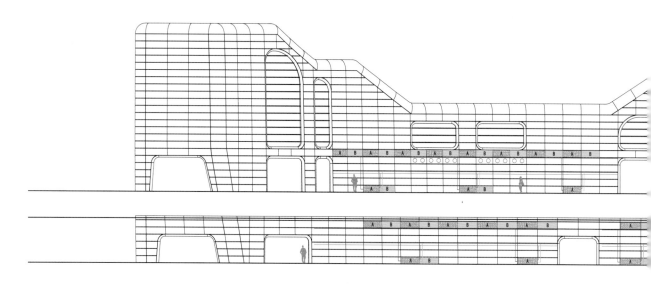

SRC 幕墙开启板块与电箱预留示意图

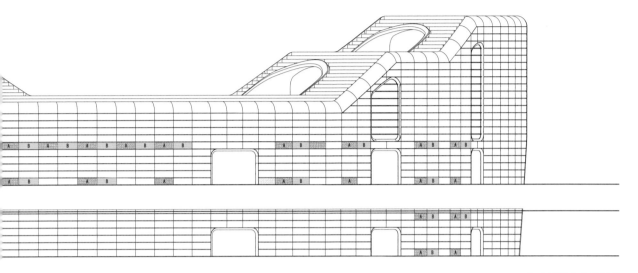

（a）裙房北立面示意

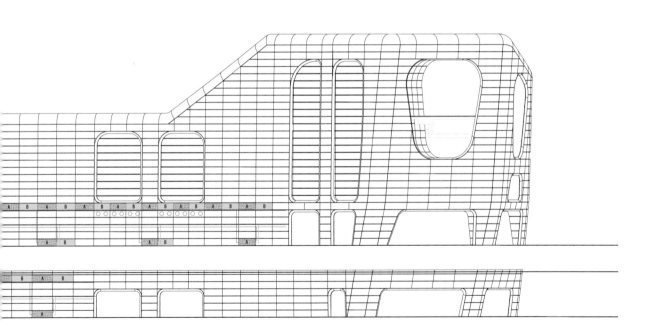

（b）裙房南立面示意

图 5-6　裙房整体三维示意图

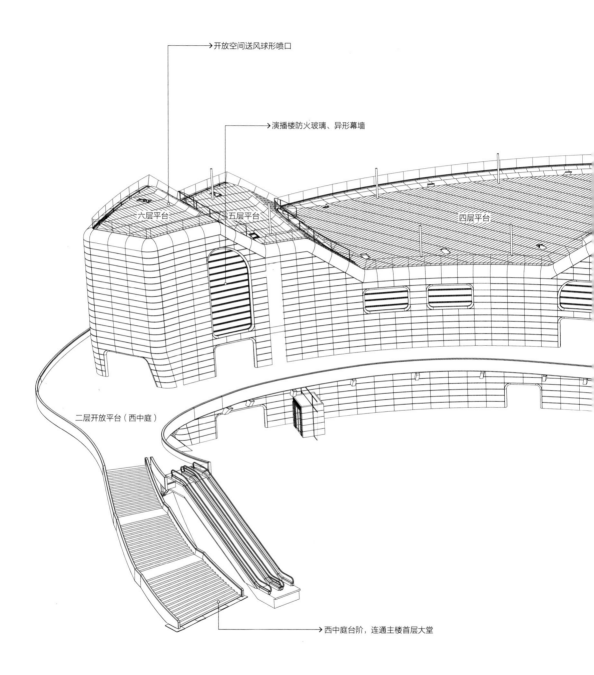

开放空间送风球形喷口

演播楼防火玻璃、异形幕墙

六层平台　　五层平台　　　　　四层平台

二层开放平台（西中庭）

西中庭台阶，连通主楼首层大堂

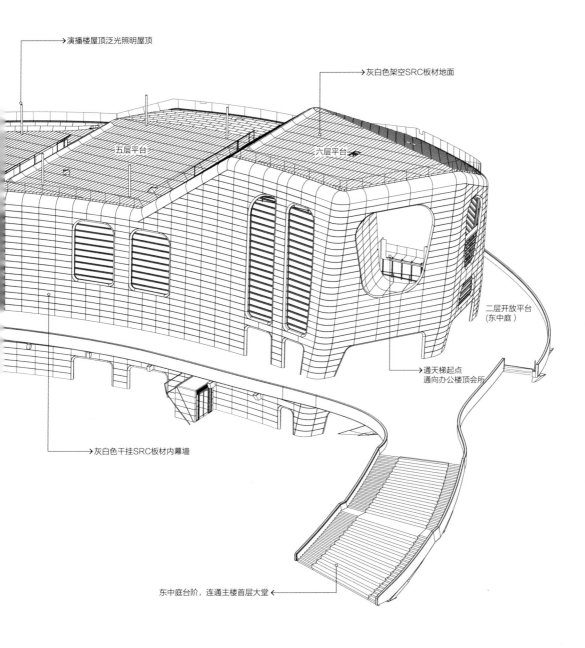

→演播楼屋顶泛光照明屋顶

→灰白色架空SRC板材地面

五层平台

六层平台

二层开放平台
（东中庭）

通天梯起点
通向办公楼顶会所

→灰白色干挂SRC板材内幕墙

东中庭台阶，连通主楼首层大堂←

5.2.2 构造设计

在平板化分格工作完成之后，还需要借助精巧的构造设计，增加平面板材模拟曲面效果的整体连续感。设计师每隔 700mm 的竖向模数设置一道带抹角的水平金属收边线，能很技巧性地消纳和转换平板板材微错位偏差的问题。

另外，为了提高板材之间的吻合度，设计师提出了 AB 板材的构造建议。两种板材互相咬合，既能避免正面透视露出幕墙龙骨的情况，又能提高整体精度。所有转角处的双曲面板材与相邻平板之间也采用类似的拼合构造（图 5-5 下）。

屋顶采用架空设计，创造机电管线的布置条件。屋顶平面板材之间均设置一道实心铝合金包边，既能提高完成精度，又能方便地用吸盘更换损坏的板材，便于日后维保（图 5-7 ~ 图 5-13）。

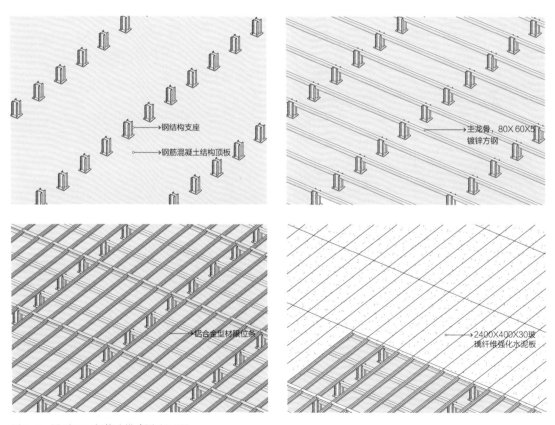

图 5-7　屋顶 SRC 板构造搭建图（组图）

图 5-8　裙房 SRC 墙身大样剖透视

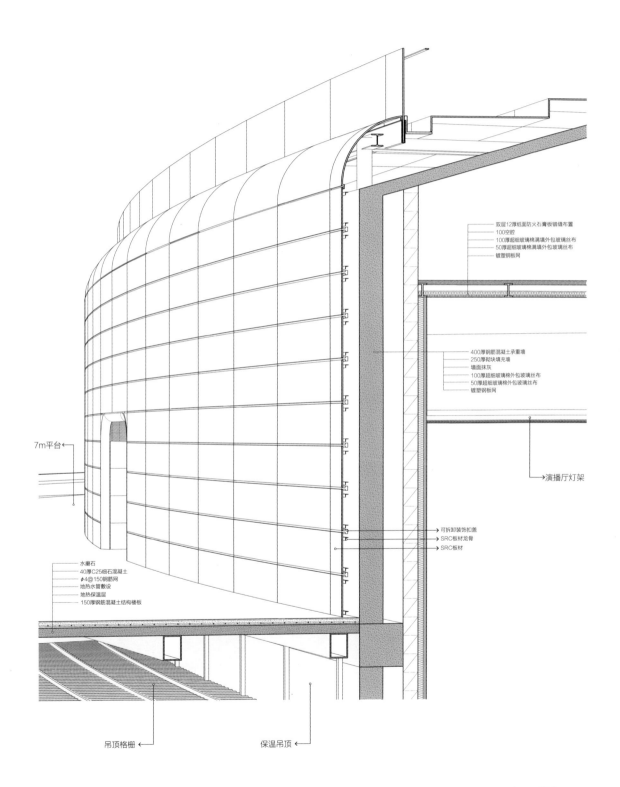

双层12厚纸面防火石膏板错缝布置
100空腔
100厚超细玻璃棉满填外包玻璃丝布
50厚超细玻璃棉满填外包玻璃丝布
镀塑钢板网

400厚钢筋混凝土承重墙
250厚砌块填充墙
墙面抹灰
100厚超细玻璃棉外包玻璃丝布
50厚超细玻璃棉外包玻璃丝布
镀塑钢板网

演播厅灯架

7m平台

可拆卸装饰扣盖
SRC板材龙骨
SRC板材

水磨石
40厚C25细石混凝土
φ4@150钢筋网
地热水管敷设
地热保温层
150厚钢筋混凝土结构楼板

吊顶格栅

保温吊顶

图 5-9 干挂 SRC 板构造轴侧拆分图

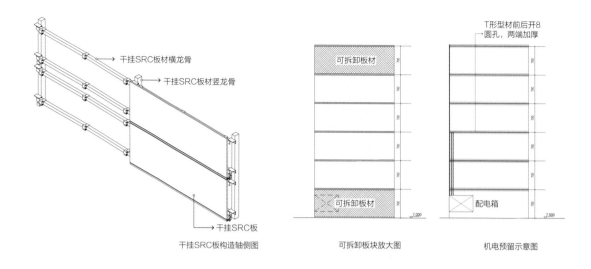

干挂SRC板材横龙骨
干挂SRC板材竖龙骨
干挂SRC板

干挂SRC板构造轴侧图

可拆卸板材
可拆卸板材

可拆卸板块放大图

T形型材前后开8
圆孔，两端加厚

配电箱

机电预留示意图

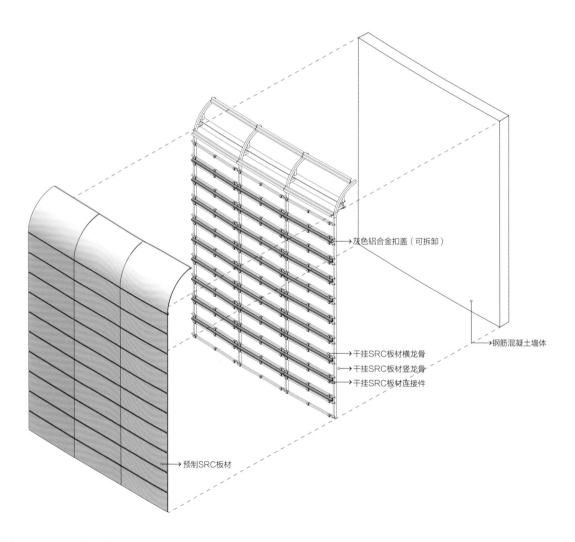

灰色铝合金扣盖（可拆卸）

钢筋混凝土墙体

干挂SRC板材横龙骨
干挂SRC板材竖龙骨
干挂SRC板材连接件

预制SRC板材

5.2.3 被高度整合的设计控制模型

设计方建立起完整的演播楼裙房内幕墙深化设计模型，该模型精确地反映了材料的分格尺寸、内幕墙龙骨体系的布置原则以及内幕墙与周边其他结构、机电设施的交接关系。除此之外，设计方还对典型的板材连接构造以及可视范围内，板材与板材之间的收边细节提出了严格的要求（图 5–10 ~ 图 5–13）。

图 5–10　被高度整合的设计控制模型（组图）
　　　　　SRC 板集成设备终端，预留电箱条件，预留展览条件

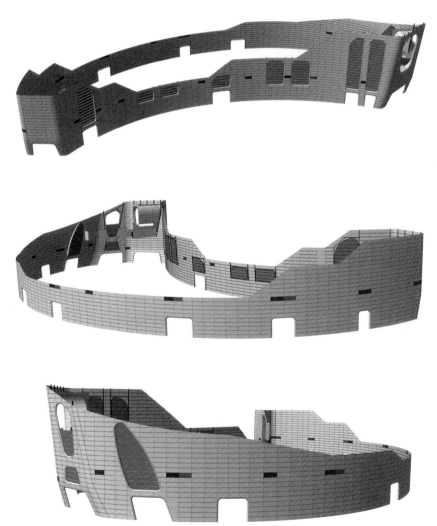

模型中各种颜色板材所代表的终端类型：
■ 安装水炮点位板材（开一个孔洞）
■ 安装红外对射点位（开一个孔洞）
■ 安装红外对射点位 + 水炮摄像头点位板材（开两个孔洞）
■ 安装水炮点位 + 水炮摄像头点位板材（开两个孔洞）

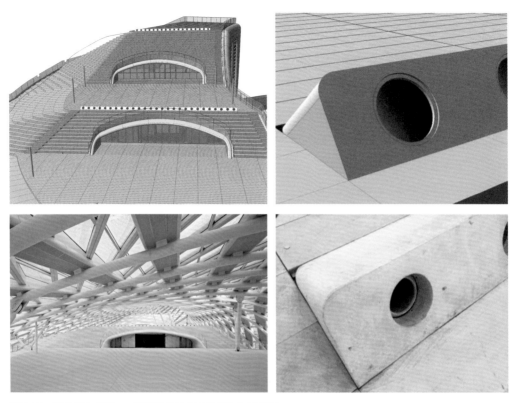

图5-11　整合机电末端——球形风口与SRC板的结合（组图）

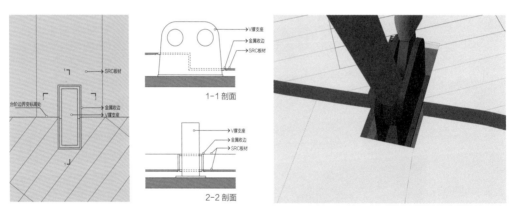

图5-12　协调结构构件——结构V撑支座与SRC板的结合（组图）

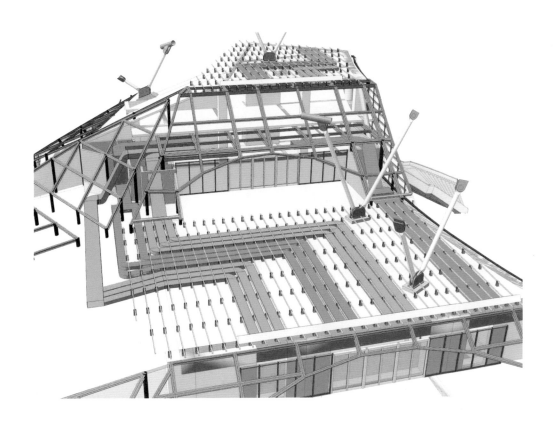

图 5-13　裙房屋顶 SRC 架空楼板下有效组织机电路由（组图）

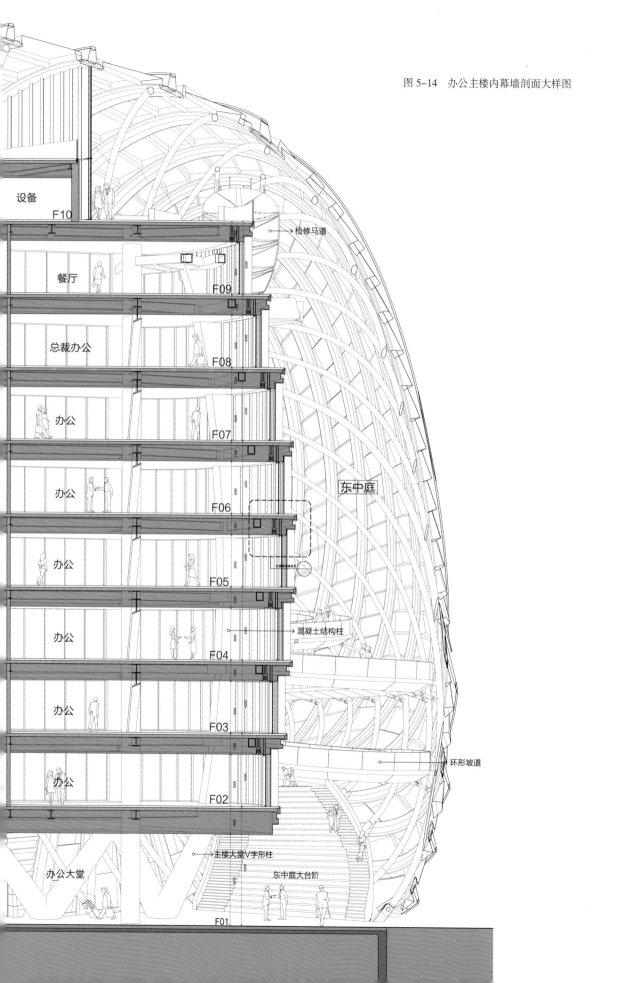

图 5-14 办公主楼内幕墙剖面大样图

设备
F10

→检修马道

餐厅
F09

总裁办公
F08

办公
F07

东中庭

办公
F06

办公
F05

办公
F04

→混凝土结构柱

办公
F03

环形坡道

办公
F02

→主楼大堂V字形柱

办公大堂

东中庭大台阶

F01

5.3 主楼内幕墙设计特点

从中庭看到的办公主楼，犹如一艘正待扬帆远航的巨轮，形态优美，颇具气势，吸睛指数毫不输对面的演播楼裙房。在 2.3.3 节我们已经详细介绍过办公主楼从一个顺滑的"主楼基面（主楼形态基础控制面）"发展为包含多层次建筑构件信息的实体的调控生成过程。主楼内幕墙初始控制面同样也为复杂的双曲面，建筑师依靠 BIM 软件的板片优化弥合功能及逻辑严密的几何控制系统，确定了合理的平板化模数设置及板片平面外偏差的消纳规则。玻璃幕墙与玻璃百叶在层间均被优化为垂直构件，玻璃幕墙也均被划分为直段玻璃单元弥合，但在平面两端曲率较大的区域需在玻璃幕墙外再辅以斜玻璃百叶以满足视觉要求。整体的优化策略不仅控制了造价，而且高质量地完成了设计控制，使主楼内幕墙在整体视觉效果上仍是连续的曲面（图 5-14）。

另外，主楼内幕墙设计不仅要做到弥合曲面视觉效果上的高完成度，同时还需整合玻璃百叶安装、遮阳、灯光等多个专项，包括主楼南入口门斗和雨棚的设计，亦受到诸多条件的制约，均做到了在综合考虑各项影响因素的情况下，将设计做到恰到好处而不累赘（图 5-15、图 5-16）。

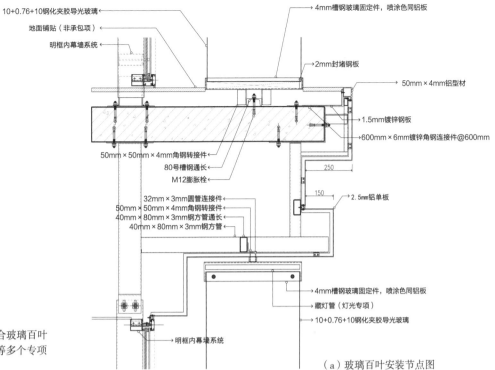

10+0.76+10钢化夹胶导光玻璃

地面铺贴（非承包项）

明框内幕墙系统

4mm槽钢玻璃固定件，喷涂色同铝板

2mm封堵钢板

50mm × 4mm铝型材

1.5mm镀锌钢板

600mm × 6mm镀锌角钢连接件@600mm

50mm × 50mm × 4mm角钢转接件

80号槽钢通长

M12膨胀栓

250

150

2.5mm铝单板

32mm × 3mm圆管连接件

50mm × 50mm × 4mm角钢转接件

40mm × 80mm × 3mm钢方管通长

40mm × 80mm × 3mm钢方管

4mm槽钢玻璃固定件，喷涂色同铝板

藏灯管（灯光专项）

10+0.76+10钢化夹胶导光玻璃

明框内幕墙系统

图 5-15　办公主楼内幕墙整合玻璃百叶
　　　　安装、遮阳、灯光等多个专项
　　　　统筹设计（组图）

（a）玻璃百叶安装节点图

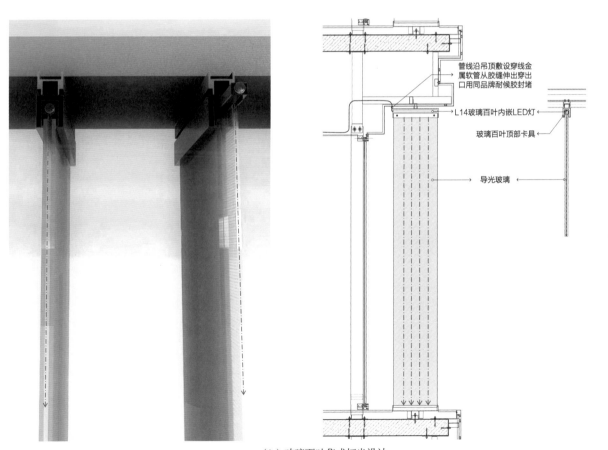

管线沿吊顶敷设穿线金
属软管从胶缝伸出穿出
口用同品牌耐候胶封堵

L14玻璃百叶内嵌LED灯

玻璃百叶顶部卡具

导光玻璃

（b）玻璃百叶集成灯光设计

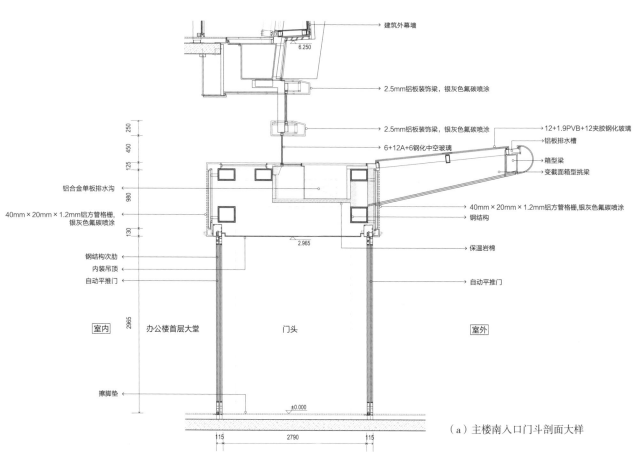

建筑外幕墙

6.250

2.5mm铝板装饰梁，银灰色氟碳喷涂

2.5mm铝板装饰梁，银灰色氟碳喷涂

12+1.9PVB+12夹胶钢化玻璃

6+12A+6钢化中空玻璃

铝板排水槽

箱型梁

变截面箱型挑梁

铝合金单板排水沟

40mm×20mm×1.2mm铝方管格栅,银灰色氟碳喷涂

40mm×20mm×1.2mm铝方管格栅，银灰色氟碳喷涂

钢结构

钢结构次肋

保温岩棉

内装吊顶

自动平推门

自动平推门

擦脚垫

2.965

室内

室外

办公楼首层大堂

门头

±0.000

250 450 125 980 130 2965

115 2790 115

（a）主楼南入口门斗剖面大样

图 5-16　办公主楼南入口门斗及雨棚设计（组图）

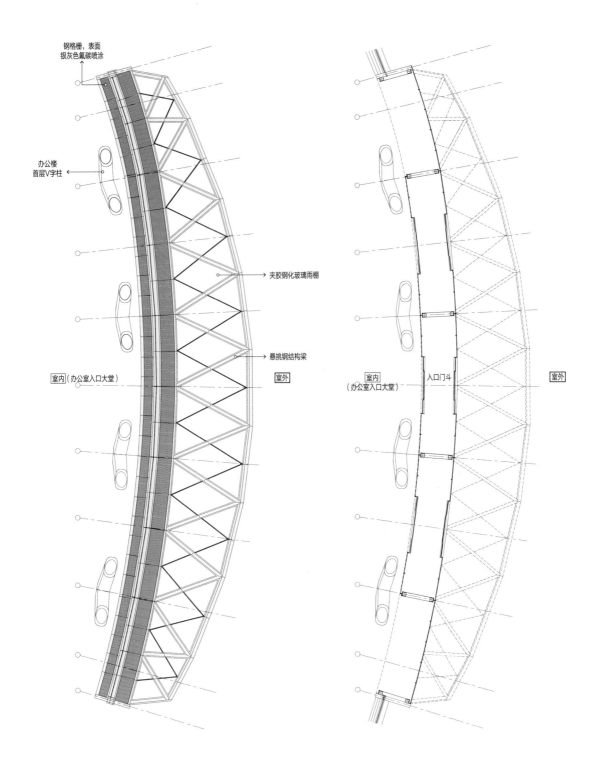

钢格栅，表面
银灰色氟碳喷涂

办公楼
首层V字柱

夹胶钢化玻璃雨棚

悬挑钢结构梁

室内（办公室入口大堂）

室外

室内（办公室入口大堂）

入口门斗

室外

（b）主楼南入口雨棚平面图

（c）主楼南入口门斗平面图

第 6 章

面向建筑的未来

6.1 数字设计助力数字建造的实现

凤凰中心是国内首个完全由本土团队自主打造的地标建筑，也是首个全面应用数字技术的工程。数字技术为凤凰中心的创作带来了更多的可能性，使得建筑空间不再局限于正交坐标的限制，而是获得了呈现更为自由形态的机会。数字技术手段极大地提升了设计师的设计控制力和执行力，帮助设计师基于系统化、整体化的设计思路，更全面地平衡和决策各类设计问题，使建筑有了新的创作方向。

更有价值的是，凤凰中心数字设计作为先导为后续数字加工建造创造了条件，探索出了本土建筑师利用制造业成熟建造技术打造高完成度建筑成果的技术转移方式。带动了数字加工建造的升级，达到国内领先的加工建造精度，推动了建筑产业的发展。钢结构加工企业认为用来指导施工深化和建造的信息数据有80%均来自于设计团队，而幕墙加工企业甚至认为用来指导幕墙深化和建造的极具价值的数据100%均来源于设计单位。正是设计团队在研究过程中建立了高精确度和高完成度的建筑BIM模型，使得建筑的每一个构件都具有真实精准的三维几何信息。基于数字技术平台的高质量数据库信息，实现了与生产企业的无缝信息交互，为加工生产创造了极大的便利。

凤凰中心的建成，说明中国的数字设计、加工、建造已经站在了世界的前列。世界上还没有如此大规模、高复杂度的建筑被高品质地建成。对于设计行业来说，凤凰中心的数字设计经验将成为当下复杂形体建筑设计的经典案例。对于加工建造业来说，本项目通过提升加工企业的产业模式，完成企业的产业转型，促进了新的产业链的形成。

美国著名评论家、建筑师约瑟夫·乔万尼尼（Joseph Giovannini）先生在美国建筑师协会专刊 *ARCHITECT* 杂志（2014 年 6 月刊）中发文 *Phoenix International Media Center*，高度评价凤凰中心吹响了"中国设计、中国建造"的号角——认为凤凰中心的设计和建成"证明了中国建筑师登上国际舞台""发出了'中国制造'向'中国创造'模式转变的信号""意味着现代建筑创新的接力棒已经传递到中国人手中"（图 6-1）。2015 年 6 月约瑟夫先生受邀在《建筑创作凤凰中心专辑：无尽空间——自由与秩序》中发表评论文章 *Mathematical Mysteries：the Phoenix Center and*

Architecture Invented in China，评价"凤凰中心是建筑和工程的巨作，证明中国建筑师具备迄今为止似乎由外国人独占的创造力。它的完工标志着重大的文化转型"。这些鼓舞人心的评定，说明中国建筑已经从设计源头上得到了西方具有国际化视野专家的认可，这也是数字设计带给我们的机会。

图 6-1　*ARCHITECT* 杂志报道凤凰中心（组图）

ARCHITECT 杂志 2014 年 6 月刊封面　　　　　*ARCHITECT* 杂志网站报道凤凰中心

ARCHITECT 杂志 2014 年 6 月刊内页

6.2 数字建造成就高精度建筑产品

制造业加工精度的提升使得当代人的生活中出现越来越多精致化的消费性产品，比如手机、IPAD。而凤凰中心掀起一次建筑产业的数字建造革命，旨在利用飞机、轮船、汽车制造业才会采用的数字设计和数字加工技术，打造一座达到工业建造精度等级的高标准建筑精品。

凤凰中心建筑模型广泛采用应用于航空工业和汽车工业中的 Catia 软件建立。Catia 软件能够精准描绘非线性几何元素，具有强大的数据管理和输出能力，它是目前建筑行业所运用的精确度最高、最接近制造业标准的参数化软件。凤凰中心项目在设计阶段采用曲率连续的曲线来优化工程基础控制面（只有少数工业产品设计公司如苹果公司的产品能做到），超过通常用相切连续曲线所描述的工业产品的顺滑度。例如，利用 BIM 技术对裙房内幕墙的形态进行优化，精确平衡美学效果和加工工艺复杂程度之间的关系。虽然最终平面板材使用范围达到 80% 的程度，却通过数字技术合理地控制内幕墙构造，完整表达设计师所传递的连续曲面的视觉感受。

这样一个设计复杂度高、建造难度大的项目最终能呈现高完成度的效果，使人在可达、可触以及可视的范围之内，感受细致、精确的细节，体会当下加工建造业的精细等级，满足当代人对空间的高品质要求，均得益于在工程上游通过 Catia 软件技术及设计控制原则进行了高精确度、高品质的设计控制，制定了切实可行的深化原则，为下游及各专项（如结构、幕墙）设计深化的顺利推进创造条件。

6.3 数字科技造就未来感空间体验

6.3.1 服务增值型设计带来的价值

在凤凰中心，设计团队呈现给业主的不仅是一个常规的演播建筑办公总部，而且是一个工业制造精度等级的建筑产品。设计团队对所有的建筑构件进行精细化推敲和控制，从结构体系的合理性、机电专业配合的高效舒适性、构造建构的创新性到可视面的视觉效果，相互平衡的同时无一疏漏地进行推敲探讨，完成任务书设计需求的同时，为项目本身创造了更高的价值。

凤凰中心举办了大大小小百余场活动，建筑空间本身彰显出其富有未来感的建筑美，而基于此纯净的空间，活动策划的设计师们又结合品牌、活动特点进行精彩合宜的布展，不仅使凤凰中心魅力四射，也使各类活动展现出其独特的风采（图6-2）。

凤凰中心不仅在大型复杂建筑的建造可行性方面做出了突破，而且在建筑基本性能的保障方面，也基于数字技术做到精细化设计控制。在设计过程中，利用建

图 6-2 2015 年凤凰中心 UFo 新书展

筑信息模型和模型参数信息，团队完成了形体、生态、热力学、消防、景观、灯光等各专项设计的模拟测算，进行了深度控制，从而实现可视化的全面工程预判（图6-3~图6-5）。

图6-3　凤凰中心热环境设计策略（组图）

外壳顶部可开启幕墙单元范围

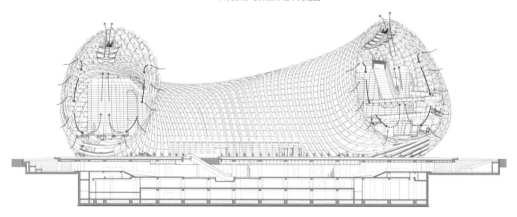

公共空间利用烟囱效应自然通风

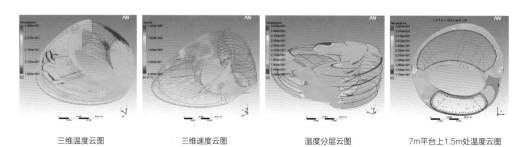

三维温度云图　　　三维速度云图　　　温度分层云图　　　7m平台上1.5m处温度云图

Ansys Fluent 软件对公共空间进行气流组织 CFD 模拟

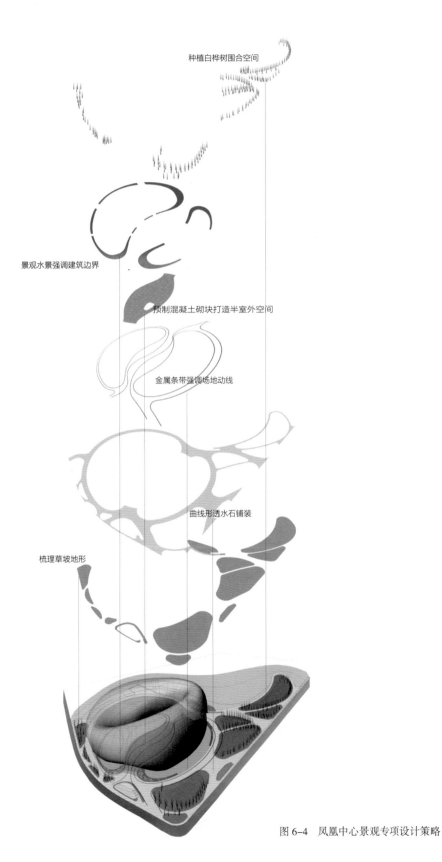

种植白桦树围合空间

景观水景强调建筑边界

预制混凝土砌块打造半室外空间

金属条带强调场地动线

曲线形透水石铺装

梳理草坡地形

图 6-4　凤凰中心景观专项设计策略

图 6-5　凤凰中心雨水收集技术策略

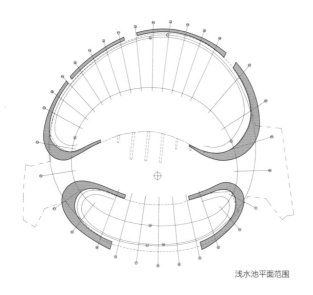

浅水池平面范围

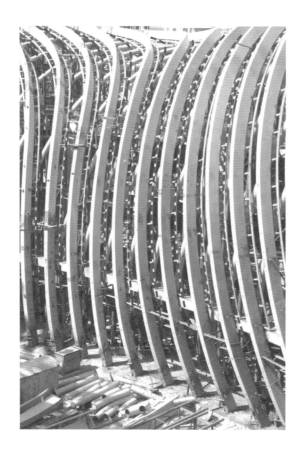

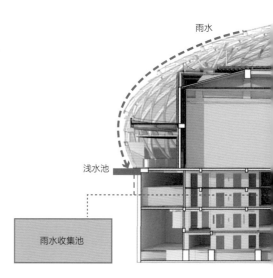

雨水

浅水池

雨水收集池

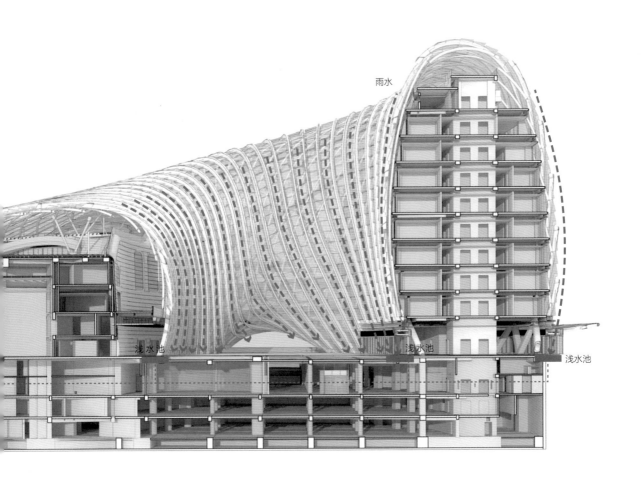

雨水

浅水池　　　　　　　　　　　　浅水池

浅水池

在凤凰中心，我们创造了一座跨越不同尺度和多样性材料体系的整体空间，让人在建筑中保持连续、又富有变化的运动体验过程，将高耸空间、狭长空间、盘旋空间各种形态统一到一个相互贯通的流畅空间整体中。在东中庭256m长的环形坡道中行走，体验空腔中的流线型穿越；在35m高的中庭中透过外壳眺望城市公园的水面；在延绵130m长的裙房屋顶上体验室内现代科技美感和室外自然景观的交融。这种不间断的变化与愉悦，是在传统的空间模式中无法实现的。通过数字化控制，设计团队通过虚拟现实无死角地研究建筑空间的每一处形态，让每一个建筑构件都按照预先的设计控制精度被加工、安装。应用新兴科技又不失人性化思考的创新，将凤凰中心塑造了一座新的建筑，一座带给人愉悦感的建筑，一座指向未来的建筑（图6-6~图6-14）。

2014年9月2日，凤凰中心迎来了一位特殊的客人——普利策奖获得者、世界建筑大师伊东丰雄（图6-6）。大师此行是要在凤凰中心办一场名为超越现实主义建筑的讲座。在讲座开始前，伊东丰雄兴致勃勃地参观了凤凰中心，他评价道："这个建筑非常好，有很多的优点，很震撼。它引入了这么多的功能，非常了不起。它的结构非常有意思，就是两个方向交叉来回走，这种结构非常合理，很了不起的结构。更难能可贵的是，建筑引入了大量的开放空间，将更多的人和活动容纳其中，打破了媒体建筑固有的封闭，确实十分出色。"

当天，伊东先生的讲座在凤凰中心东中庭的大台阶区域举行，开始限定人数是 500 人，但网上报名人数远超 5000 人，主办方不得不以抢票的方式放票，每次 100 张票放出最快不到 20s 就被抢完。"我其实并不认为这只是伊东丰雄个人的魅力所致，而是因为我们选择在凤凰中心的场所"，伊东先生这次中国之行北京站讲座的策划人，《建筑创作》杂志主编王舒展回忆，"我们很多业界的同行学子知道这座建筑非常不一样，非常有创新性。他们很想来看这座建筑。由于入场人数已经达到 800 人，原本计划的大台阶被挤得满满当当的，还有人走到环坡上去听，原本我还有些担心，但其实不用，这并没有影响讲座的效果，而是一下子拉近了所有人的感情，所有的人都是肩挨着肩，席地而坐，特别平等的氛围。这样的感觉并不是每一个空间场所都能给予我们的，这就是活动举办地凤凰中心东中庭的独特之处。"

图 6-6 伊东丰雄讲座在凤凰中心举行

图 6-7　凤凰中心参观游览流线（组图）

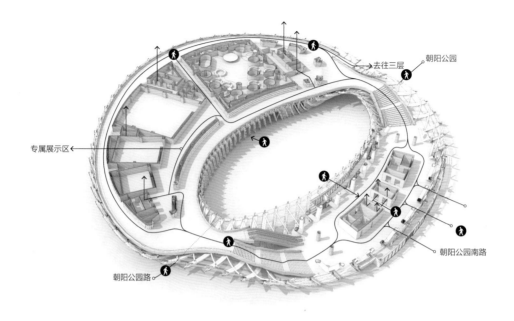

去往三层
朝阳公园
专属展示区
朝阳公园南路
朝阳公园路

首层 + 二层流线

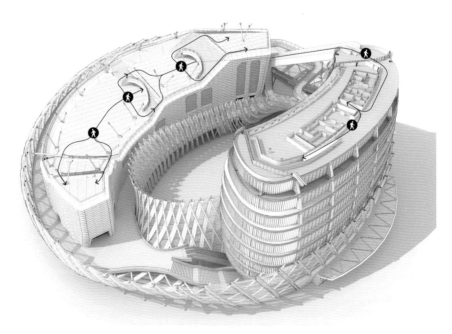

六层 + 十层流线

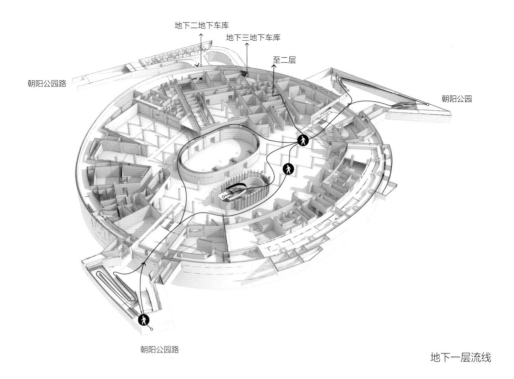

地下二地下车库

地下三地下车库

至二层

朝阳公园路

朝阳公园

朝阳公园路

地下一层流线

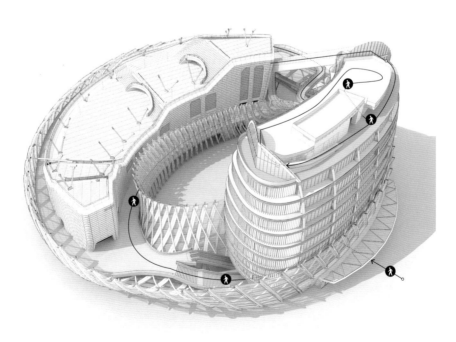

十一层流线

图6-8　凤凰中心内可运营公共空间范围（组图）
总计可运营面积22572m²，占总面积31%

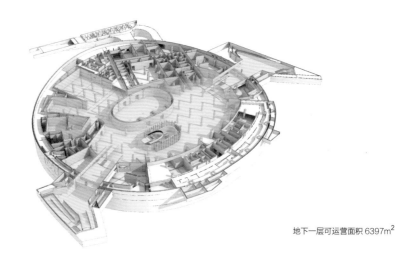

地下一层可运营面积6397m²

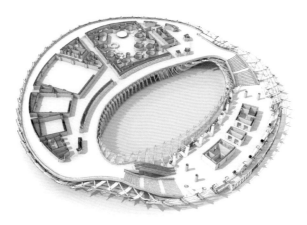

一层可运营面积6172m²

二层可运营面积3946m²

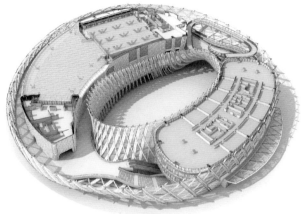

四层可运营面积 2725m^2

五层可运营面积 1920m^2

十层可运营面积 1412m^2

图 6-9　地下一层功能策划：商业街

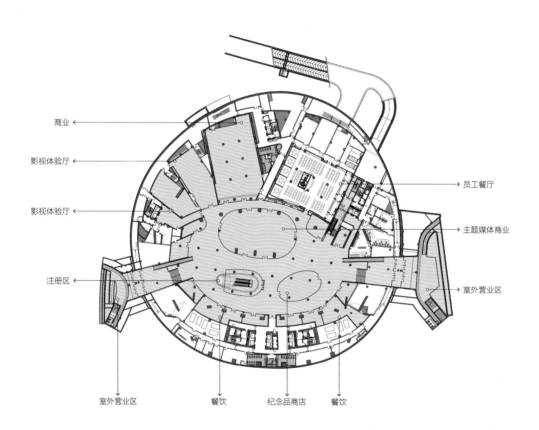

商业 ←

影视体验厅 ←

影视体验厅 ←

注册区 ←

室外营业区 ←　　餐饮 ←　　纪念品商店 ←　　餐饮 ←

→ 员工餐厅

→ 主题媒体商业

→ 室外营业区

图 6-10　室外广场功能策划：凤凰广场与配套商业

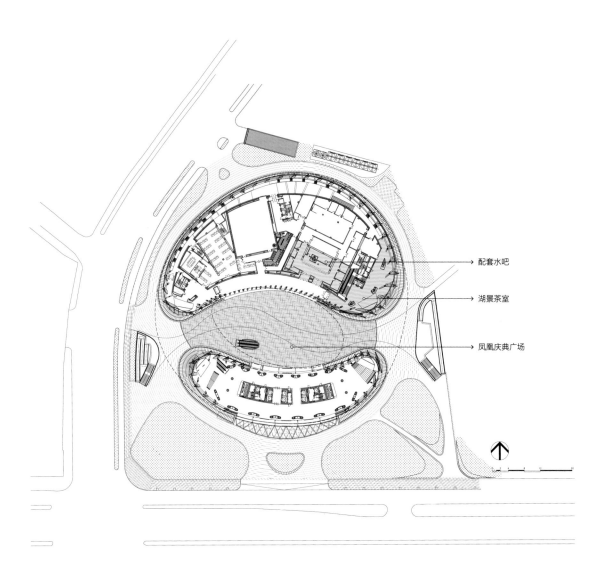

配套水吧

湖景茶室

凤凰庆典广场

图 6-11　二层功能策划：开放平台、现代艺术展廊、演播厅

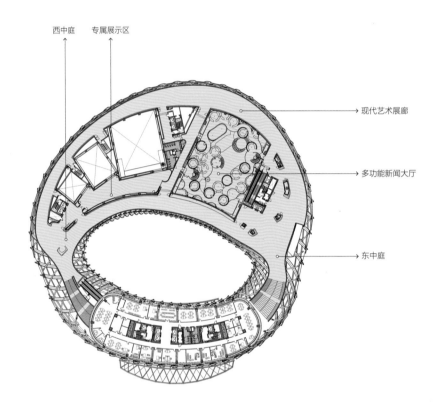

西中庭　专属展示区

现代艺术展廊

多功能新闻大厅

东中庭

图 6-12　四层功能策划 : 景观平台、展示与会议空间

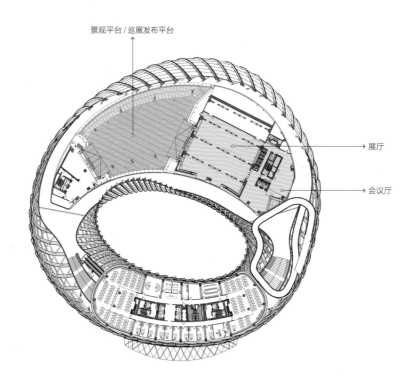

景观平台 / 巡展发布平台

展厅

会议厅

图 6-13 东中庭与环形坡道功能策划

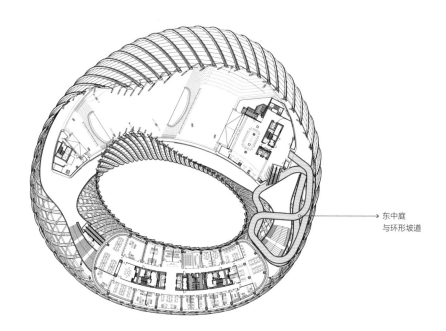

→ 东中庭
与环形坡道

图 6-14　顶层平台功能策划

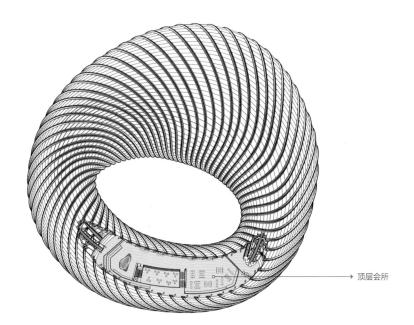

顶层会所

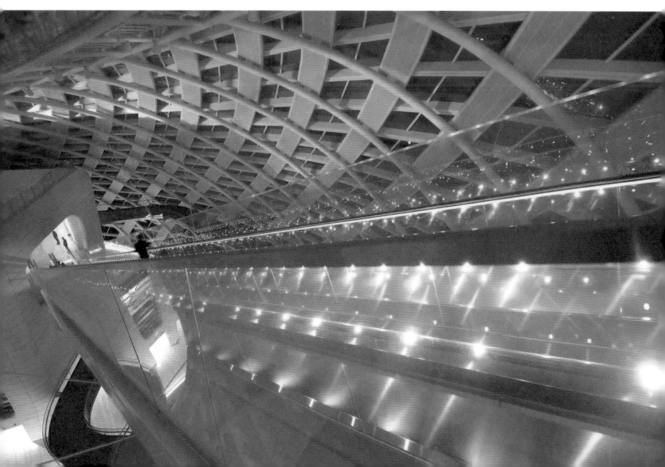

6.3.2　激发艺术再创作的活动场所

项目正式运营启动前，设计师站在总体控制的角度，凭着对凤凰中心每一寸空间的理解和热情，协助项目业主撰写运营策划书，参与公共空间艺术品的设计，不断投入设计，也享受设计回馈给设计者的感动和惊喜。

凤凰中心可以是被欣赏的主角，也可以是承托艺术创作的背景。在这里举办的每一场活动——无论是工业产品、时尚珠宝发布会，还是文化讲堂、学术论坛，抑或是字画雕塑、先锋舞者都能与这里纯净的空间相融合，这种"阴阳相生""周而复始"的气场是凤凰中心设计创作的初衷，也是凤凰中心蕴含无穷魅力的价值所在。

凤凰中心也启发设计师不断进行艺术再创作（图6-15）。2012年8月，设计师以凤凰中心的建筑设计理念为背景，再创作了23m长的大型艺术装置"序列"，于第13届威尼斯建筑双年展华丽亮相。

2014年10月31日，MCM的全球首秀选择在凤凰中心举办，这也是当时尚未正式投入使用的凤凰中心首次承办活动。来自建筑、时尚、文化艺术界的无数目光聚焦于朝阳公园西南角的这座新建筑。结果他的首次亮相就给人带来了震撼，活动策划人牛淼回忆起当时选址的情景时说道："依旧历历在目，我走到这个楼体中庭的一个位置，站在广场仰望这个场地的一种感觉，这种感觉无法形容，但我相信这是最好的，非他莫属了。"

当晚，MCM时尚铆钉元素与凤凰中心单元式幕墙建筑语素完美结合起来，通过精确的幕墙数字模型为数字灯光的创作提供条件，上演了一场流行时尚与建筑科技交相辉映的震撼灯光秀。虽然北京已经开始感受得到冬天寒风的步伐，但都被现场的时尚热情所淹没。凤凰中心饱含着东方传统意蕴的莫比乌斯环所拥有的自然结构之美，以这样一种火热的时尚冲击的方式揭下面纱，唱响首秀，迅速受到各界的关注。

"真的是做了一个很大的突破，而且我觉得凤凰中心的场地环境应该说真的是很给中国人争脸的这么一个场地，因为它全部都是由中国人自己去完成的，从设计然后到制作。我觉得当世界各地的来宾看到这个空间的时候，就立刻被空间的美给捕获了。整个空间呈现出来的样子是一种非常有质感，但是又很经典的感受。"MCM 首秀策展人牛淼说道。虽然牛淼接受《筑梦天下》采访时是 2016 年 3 月，距离 2014 年的 MCM 时尚发布会已经过去了一年多的时间，但从牛淼激动的目光和言语中，我们感受到了大家对于凤凰中心的喜爱和期待。

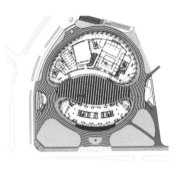

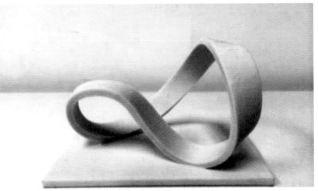

图 6-15　凤凰中心正门前的公共艺术品设计（组图）

6.4 数字建筑启发未来智慧型建筑

2016 年 7 月 6 日，时任联合国秘书长潘基文在访华期间到访凤凰中心（图 6-16）。这座完美融汇了东西方文化理念的建筑，历时 6 年精心建造。方案设计绘制、建筑材料、施工建造等全部由中国人独立完成，它不仅是国家民族品牌，更是开创先河的建筑奇迹，展现了中国创造的新高度。对于这座融合了哲学、艺术和科技之美的建筑，素来热爱建筑艺术的潘基文秘书长用 "Amazing（令人惊叹）" 一词表达了自己的赞叹，并称 "凤凰中心让我看到了建筑的未来"。

十多年前，凤凰中心启动之时，我们还不敢去想象它建成后会有多么得震撼，我们只是怀抱着理想，在传统建筑经验和前沿科技创新的碰撞中砥砺前行。我们所能做的是借助科技的力量不断扩大我们的想象力，提高我们的控制力，在每一个选择的十字路口，结合经验判定做出合理的选择，合乎当下社会发展趋势的选择。每个时代的建筑，只要是对于这个时代社会生活状态、对人的需求的真实思考，只要是对于这个时代科技进步的真实反映，那么它就是时代进步的烙印，就能以自信的姿态傲立于时代发展的长河之中，与未来对话。

回望埃罗·沙里宁（Eevo Saarinen）的肯尼迪机场航站楼、丹下健三的代代木国立竞技场，半个多世纪过去，这些建筑界前辈的作品仍被后人所敬仰，正是因为它们真实地反映了建筑所处时代的科技发展水平和使用需求。正如沙里宁所说的 "肯尼迪机场航站楼是合乎最新功能与技术要求的结果"，是一个以平面、功能入手的理性的建筑，不是一个从形态、外观入手的感性的造型。1987 年丹下健三在获得普利策建筑奖时发表获奖感言："虽然建筑的形态、空间及外观要符合必要的逻辑性，但建筑还应该蕴含直指人心的力量。这一时代所谓的创造力就是将科技与人性完美结合。"

在 21 世纪最初十多年里，随着中国的发展，国际上许许多多顶级的设计大师和设计公司在中国获得了一些重要项目的设计权，中国的建筑师也有了与世界级优秀建筑师和设计公司合作、学习的机会。这十多年是中国建筑师卧薪尝胆、静候破茧的磨砺与修行的十年，也是中国建筑设计行业迅速崛起的十年。在凤凰中心的设

时任联合国秘书长潘基文与凤凰卫视董事局主席行政总裁刘长乐合影

时任联合国秘书长潘基文参观凤凰中心

图 6-16 前联合国秘书长潘基文到访凤凰中心（组图）

计机会面前，业主给予了我们本土设计团队莫大的信任，我们也交出了不负时代的答卷。

凤凰中心是一座媒体总部，但它不仅仅是一座以媒体制作和运营为目标的办公大楼。一方面，我们希望在它的设计、建造方式中，借助宽广的数字化技术更加精确地实现建筑领域的科技创新，充分体现当下的设计胆略和加工建造水平；另一方面，在互联网、人工智能及自动化技术突飞猛进的今天，我们更希望它被打造成集媒体参观、公共艺术、主题商业为一体的高端文化创意中心，将它以往的建筑信息数据延伸至运营阶段，在建筑室内空气环境品质控制、安防和消防动态监测、互动体验策划与应用反馈等诸多方面激发数字信息的生命力，积极体现当代建筑向着智能化智慧化方向发展的趋势（图6-17、图6-18）。凤凰中心将有机会借助其在华语传媒领域的影响力，积极推动具有艺术价值和前沿科技价值的公众互动活动，引领区域在公众文化艺术、科技方面的发展潮流，从而实现建筑设计方式、建筑建造方式和建筑运营管理在安全、品质、高效、健康等各方面的全面升级。

自2014年投入运营以来，无论是时尚秀场、品牌庆典还是学术发布会，每一次精彩亮相，凤凰中心都在刷新公众对它的想象力。凤凰中心带有鲜明的个性语言，它反映当代设计师对于社会生活需求和科技发展水平的深刻理解，同时它也谦逊地预示建筑向着智能化智慧化发展的可能性，为未来的运营管理铺垫契机。这样一座具有未来感的建筑，一座在时代潮流中被公众品评的建筑，一座以自信的姿态向未来致敬的建筑，还将带给我们更多的惊喜和感悟。

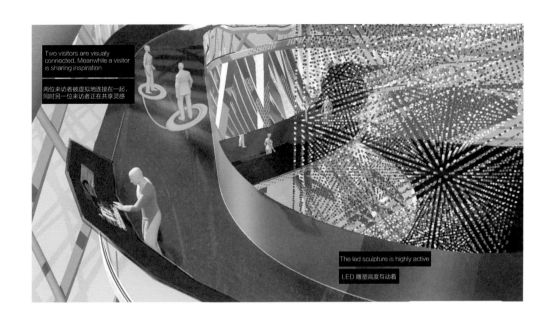

图6-17 基于互联网技术的互动体验设想（组图）

图 6-18　基于互联网技术的互动体验设想（组图）

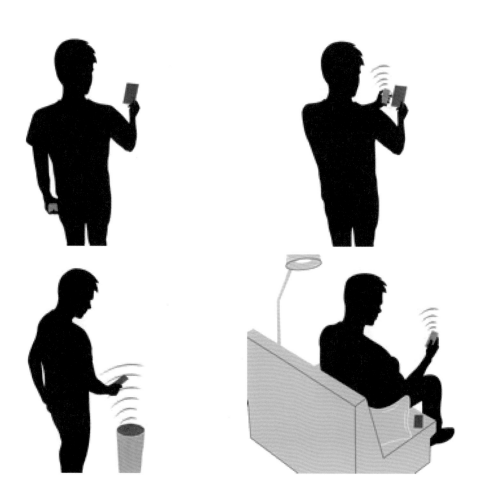

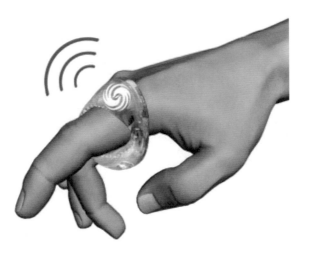

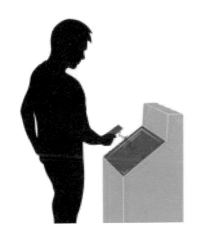

BIAD UFo 工作室
十年专辑发布＋作品展览＋研讨会
BIAD UFo
大院中的
UFo
BIAD UFo
UFo in China's
Design Institutes

附 录

附录1 凤凰中心建筑纪念展

　　在凤凰中心正式运营之后，设计团队提议将建筑的闪光点记录下来，在这座建筑里打造一座面向公众的建筑纪念展厅，凤凰中心业主刘长乐总裁欣然接受了我们的提议，将这一计划推动实施。凤凰中心建筑纪念展让更多走进其中的人更深入地了解这座神奇的建筑留下的无数个值得品鉴的精彩瞬间，在建筑领域与大众领域都具有深刻的文化意义。

　　感谢业主对我们的信任与支持，将凤凰中心纪念展厅的策划和设计工作继续交由我们团队来完成。这座精巧的展厅呈现的不仅是凤凰中心从无到有的建筑成长故事，还传达出凤凰中心企业文化的包容与开放，展现出心潮澎湃、砥砺前行的民族自豪感。

　　整个建筑纪念展厅位于演播楼四层东端，与环形坡道相连。展厅总面积291m^2，分为展厅空间（黑厅）和交流空间（白厅）两个部分。其中黑厅包括展廊和主展厅两块区域。展廊区域主要展示凤凰中心的重大事件节点，主展厅主要展示凤凰中心的设计、建造历程以及所获殊荣。白厅为独立的交流厅，为访客提供了具有独特体验的交流场所（附图1-1）。

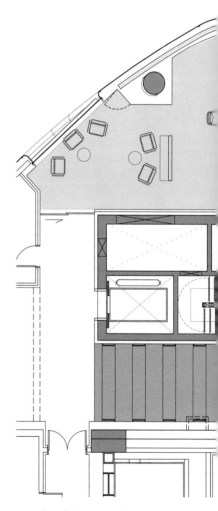

附图1-1　凤凰中心建筑纪念展厅位置与平面布置

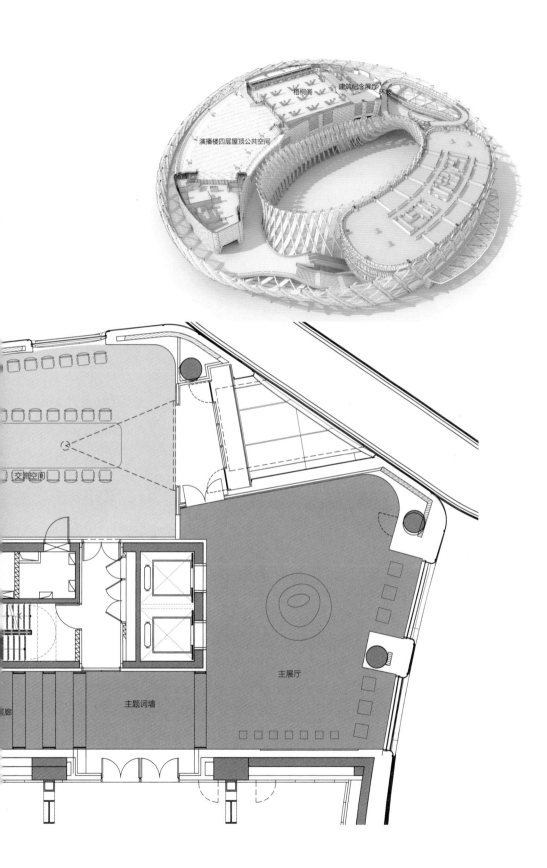

東西剖面
East-West Section

到了建築的未来。
ure from the Phoenix Center.

San Ki-moon, Former United Nations Secretary-General

这栋建筑很震撼，它引入了非常多功能，非常了不起。
his building is stunning. It incorporates a lot of functions. It is very extraord

Toyo Ito, World-renowned Architect, Winner of the Prit

大堂V型柱1:25
V-shaped Columns in the Hall 1:25

te 1:15

iscal Ramp 1:30
Local of Circular Ramp 1:30

Arch Bridge and Platform on the Eas

鳳凰中心

PHOENIX
CENTER

...是從媒體文化上，還是建築文化上，鳳凰中心都是鳳凰
主張開放、圓融、創新，低著重歷史文化，也同樣重視
凰中心上都得到了重現。

to spread culture. Be it in terms of media culture or archi-
Center properly expresses the spirit of the Phoenix Satellite
ates openness, harmony, and innovation. It not only attach-
and culture but also values the exploration of contempo-
racteristics can be found from the Phoenix Center.

鳳凰衛視投資（控股）有限公司 董事局主席、行政總裁 劉長樂
ive Officer, Phoenix Media Investment (Holdings) Limited Liu Changle

附录2 以凤凰中心为原型的"序列"作品亮相威尼斯建筑双年展

1. 建筑双年展背景

威尼斯建筑双年展是国际上最重要的建筑艺术展览之一，每两年举办一次，一直以其先锋的态势成为建筑艺术和展览潮流的风向标。而承载这项建筑艺术盛世的威尼斯城市也是一座有特殊气息的水上城市。

2012年，第13届建筑双年展的总策展人是英国建筑师戴维·奇普菲尔德（David Chipperfield），他提出的主题是"共同基础"（Common Ground）。他认为"没有哪个城市能像威尼斯，为建筑双年展这样的城市事件提供一个独一无二的舞台"，"这里的建筑让我们全面理解建筑的重要性不仅在于其作为一座辉煌的个体，而是其在基本生活框架中共性的彰显"，正是基于脑子里这些想法，戴维先生热切倡导本届双年展更多地关注建筑文化的连续性、文脉和记忆，强调共同的影响和期待。

第13届威尼斯建筑双年展中国馆主题"原初"由策展人方振宁先生提出。原初，就是"原先"和"初始"的意思。策展人在本次展览中邀请了包括凤凰中心项目在内的5个中国建筑作品参展，他希望挖掘出建筑师在构思的最初阶段，那些思维的雏形，然后通过视觉化的展陈方式让人感知。他认为那些发自"原初"的思考是一切创造的基础，这种提示对建筑作品的形成起到关键的作用，而中国建筑师对这种基础问题的思考即是建筑的"共同基础"。

2. 序列——基于凤凰中心的艺术再创作

建筑师没有选择以建筑作品最终完成的状态做直接的展示，而是寻求以艺术再创作的形式，来解析和展示凤凰中心项目创作初期的设计构思和理念，以大型艺术装置的视觉冲击力来呼应方振宁先生提出的"原初"主题所传达的含义。

凤凰中心项目最初的设计构思是通过连续变化的多截面放样得到首尾相接、不断循环的"莫比乌斯环"，以此将功能需求中高耸的办公主楼和较为低矮的演播工艺裙房统合在一个连续的空间中。我们将这种初始的建筑设计构思引入到展品设计的概念中——沿着一个真实存在的建筑环形轴网切出 96 个剖面，将它拉长之后顺序展开，形成了一个 23m 长的序列阵，并通过量身定制的灯光效果塑造出一条在空中"舞动的龙"。这个概念和再创作过程很贴切地回应了中国馆策展人方振宁先生提出的"原初"的策展主题，同时也以另一种方式重新解读和展示了真实的建筑空间形态（附图 2-1~附图 2-4）。

3. 基于数字技术的吊挂体系

（1）吊挂体系：

"序列"作品整体依靠吊挂体系完成，主要包括抱箍、调节板、主龙骨、吊挂底盘、吊索、切片等构件，并通过三维数字化技术模拟，保证其在现场安装的可行性。

（2）吊点逻辑：

每个"序列"切片通过两根吊索与上部的铝合金吊挂底盘相接，为保持平衡，设计时通过三维数字化技术精确确定两个吊点的位置，使两根吊索延长线分别通过 1/2 切片质心。这样严密的控制保证了吊索长度和吊挂点位的唯一性，为实现在国内精确加工，在双年展现场拼装创造条件。而且，源于自然逻辑的吊点点位本身也是一种奇特的韵律，为灯光设计埋下伏笔（附图 2-2）。

（3）激光定位：

作为现场安装制导和校核的手段，在原有设计展开环轴的位置设置激光束，利用激光束在暗环境中的强大穿透力，不仅可以加快安装速度，而且可以校核安装精度。同时，激光本身也可以成为展品的一部分。

（4）灯光设计：

每个切片上吊索点位之间的部分被用来设置内嵌 LED 灯带，当灯光亮起时，吊线之间的自然形态灯带连续成生动的"龙脊"。

（5）效果控制：

"序列"作品追求整体效果的精彩呈现，从吊挂体系的构成到节点设计和灯光设计无一不遵循此原则。

凤凰中心的特色在于其属于复杂形体建筑设计，三维数字化技术的应用为其设计优化和高精准度工程控制提供了保障。在 2012 年第 13 届威尼斯建筑双年展展品的设计深化和制作过程中，也正是三维数字化技术的介入，使得源于凤凰中心的"序列"作品从设计、制作和安装精度上都得到了有效的控制。

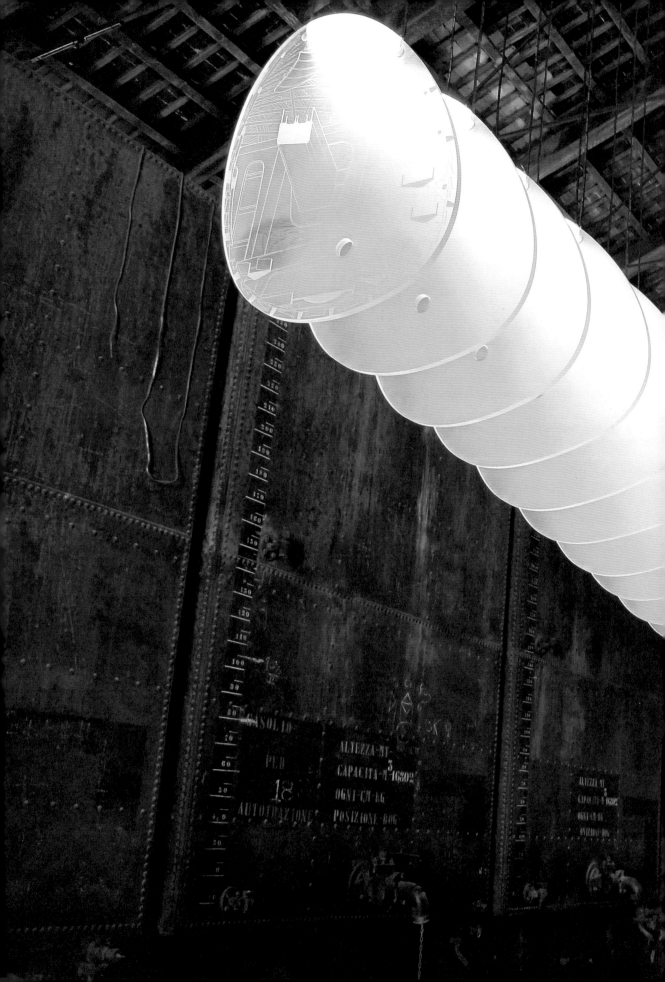

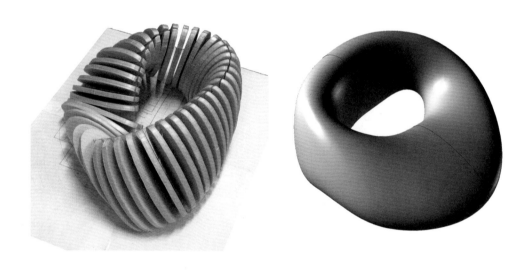

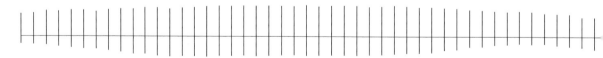

附图 2-1 "序列"展品概念解析（组图）

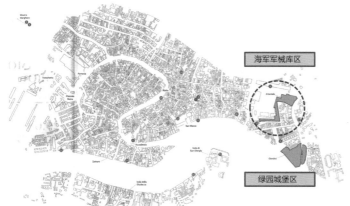

威尼斯双年展主要展馆场地区位

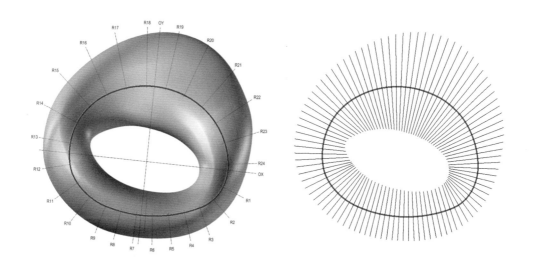

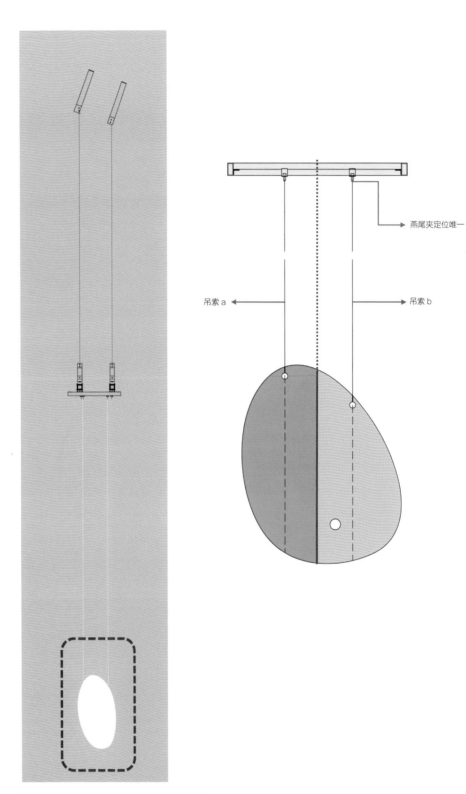

燕尾夹定位唯一

吊索 a

吊索 b

附图 2-2 "序列"切片吊点逻辑(组图)

附图 2-3 "序列"展品展示现场

附图 2-4 "序列"展品展示现场

附录 3 专家视野里"凤凰中心"的品性和价值

北京是中国政治、经济、文化中心，世界关注中国的焦点。随着中国经济的马车高速驰骋，北京也日渐成为全球优秀建筑师的舞台，在一片或方正规整或线条分明的地标建筑丛中，在四环内最大的城市公园朝阳公园一角，悄然立起了一座圆融柔和的建筑，并默默融入到周边的景致中。

它是数字革命的产物，也是彻底的中国创造。它既为城市贡献公共空间，也试图打造成公众的舞台，它是怎样一座建筑，它的诞生有着怎样的故事？2016 年 3 月凤凰卫视的《筑梦天下》栏目特别呈现了凤凰中心专题节目，带公众走近这座灵动的建筑，聆听它不为人知的故事。以下是我们从这期栏目里选取的三位具有代表性的专家的访谈内容，让我们站在专家的视野里，了解凤凰中心的品性和价值。

中国设计团队的新高度①

崔愷
中国工程院院士
中国建筑设计研究院副院长

---

① 中国工程院崔愷院士 2016 年 3 月 26 日接受香港凤凰卫视《筑梦天下》栏目专访节选。

记者	2008 年凤凰提出要做一个楼，挺有意思，凤凰当时就是说只选择本土的设计师，那么您怎么看凤凰这个举动，当时确实是这样吗？给我们有一个感觉好像是海外的设计师大批量地进入中国这个市场，我们当时写稿的时候就有这么一句话，他们在改写中国地标建筑天际线，是不是有这么一种现象？但在这个时候凤凰说我只要本土的，您怎么看？

崔愷	从改革开放以后的建筑来讲，确实在 2000 年前后从国家大剧院竞赛开始，国家的大型文化项目越来越多，而且采用的方式也越来越国际化，所以全世界的著名建筑师、团队都非常关注中国的建筑发展，当然他们也在花很大力气来参加竞赛，所以看上去有点像中国国家级的项目，包括有些地方省市级的项目都由外国设计师来主导。当然他也是通过竞赛得到的，所以我觉得总的来讲是公平的，国家到这个年代确实也应该走向国际化，走向改革开放。这是一个历史的发展阶段。但我认为非常值得肯定和赞扬的是凤凰卫视把北京凤凰中心项目有意识地希望由中国建筑师来主创设计，这个实际上也很像凤凰卫视这个媒体本身的定位，它是一个中国本土的现代媒体，同时也有创新意识，当然也有国际视野和影响。我觉得凤凰的领导有这样一种文化意识，实际上也帮了中国建筑师一个忙，把这样一个建筑给中国建筑师展示他们的才华，我觉得还是非常值得业界高兴的一件事情。

记者	那您觉得凤凰这样一个项目，让咱们本土设计师来做，他们在这个项目上有什么优势？

崔愷	想起 2008 年前后，中国建筑师不断地参与国外的初期竞争，也有很多的项目合作。中国建筑师的设计能力、设计水平在不断提高，所以在凤凰中心项目中，业主把设计权交给中国建筑师，实际上还是对中国建筑师目前创作能力和水平有一个预期的认知，并不完全是在不信任的情况下冒一种风险。那要说中国建筑师有什么优势呢？我觉得中国建筑师一直有地域性的优势。对我们文化负有责任感，对我们的城市比较熟悉，对我们的业主，对凤凰中心可能在文化上的理解更加深刻，所以我觉得从这方面来讲应该说优势是有的，当然还得看大家怎么看待这个优势，你认不认为这是个优势，假如这仍然是国外团队做，也可能是他们的优势，更有品牌，更有创意，在技术上可能国际化、更加创新。

记者	中国建筑在全球的自我证明和突围中，您觉得我们突围重点在哪些方面？

崔愷	第一，我觉得应该在整个建筑技术创新上，建筑从设计到实施，建筑基础的创新应该是我们更加重视的。以往我们更重视一个建筑的形态、造型、视觉语言，我觉得这个有点走偏，而怎么把建筑做好，质量提高这是最重要的。

第二，在这些复杂的建筑设计当中的创新点，我觉得要找得更准。我们现在很多年轻的建筑师和学生都过于关注它的外在形态，而对于新的建筑使用，它的社会性、城市的公共性以及新的人的活动方式，建筑空间的创新影响等关注不够。所以我觉得这一点恰恰也是国外建筑师、大建筑师们非常巧妙把握到设计的创新点的地方。这点我们需要认真地学习。

第三，我觉得建造材料在整个后期的管理上也需要突破。这一块还是比较薄弱的。我们一直说国内建筑师话语权不多，当真正话语权给你的时候你可能还束手无策，因为你没有经验，你没有办法有效地为业主把一个项目真正的管好。最近我们行业里可能要出台一系列政策，这两天《中央城市工作会议》的一些精神要出台，都提到要提高建筑师的创作话语权。但是真正把这话语权给你的时候你的责任和压力会很大，所以我觉得这一块我们也需要有突破。

记者	就好像之前的采访中我们就听到过邵老师在跟福斯特合作期间就疯狂地学习福斯特团队对于大型工程的管控能力。也就是说我们国内最优秀的设计师都已经意识到这一点，缺乏大型工程整体的控制能力。

崔愷	没错。

记者	那么邵老师获得了凤凰中心这么一个机会，可以说这个作品能够实现本土设计师自我的证明、突围吗？

崔愷　　　　　可以这么说，我对这个建筑，对邵总的赞扬或者对他的钦佩实际上恰恰在这块。我并不完全说凤凰中心代表了什么，或者说中国建筑发展的一种方向，不是这么认为。而是说整个从设计到实施的过程体现了中国设计团队一种新的高度和新的实力。因为我们都知道今天国家的发展进入到新常态，我们的建筑应该回归到理性。今天大家都谈到新建筑的方针，实用、经济、绿色、美观，所以我们不太可能每次都把建筑推到高难度的这样一个状态，但是更多的建筑应该用同样的这样一种能力或者说同样的追求去面对，所以这一点邵总走在了行业的前面。

记者　　　　　那么从建筑美学这一块怎么评判凤凰中心，我们应该怎么去欣赏它。可能对于很多外行和一般老百姓来说看不懂。我们都听说这么个说法，去哪，去凤凰中心，不知道，就是那个圆不圆方不方的楼。就是说用业界以外的角度怎么去欣赏，从建筑美学角度看这个东西。

崔愷　　　　　我一般评价建筑有这样一个看法，一个看它跟城市环境的关系。凤凰中心坐落在朝阳公园，是一个非常难得的城市公园，周围有很多的城市街区。这样一个建筑处于城市和自然环境之间，它的态度非常重要，凤凰中心比较好地解决了其在城市公园当中所起到的作用，它用自然的手法创造了一个城市空间，我个人有这样一个看法，所以它的定位还是比较准。不是像普通地在这盖一个楼，不仅很实用，而且它变成一个挡景。凤凰中心本身在城市街道上看就是一道风景，而这道风景又依托着周围公园的风景。所以这件事做得比较好，再一个我看到内部空间在将来使用的时候有可能是开放的，甚至如果更好一点的期望，可能跟公园很多市民活动在很多层面上融为一体。我也特别期望因为凤凰卫视的社会性、公众性、文化性、艺术性，这个地方一些文化、艺术活动使公园变得更特别。从这些方面看这个建筑跟环境结合得很好，甚至还很有潜力。这是第一点。

第二点我觉得一个建筑的好坏跟他如何处理建筑和建筑功能、建造之间的关系。直接相关这个建筑的功能是一种公益性很强的，摄影棚、办公室、播音室，这些原本是封闭在实体的空间中，像我们原来也做过广电，大量采用封闭的空间来处理。那如果在这样一种环境下用封闭的手段做，固然可以完成这个功能，但是显然就失去了跟环境的对话。所以在这个项目当中，它的设计手法是把功能和环境以及建造建立一个联系。所谓的建造，就是这个形态是一个结构体，不是一个装饰体。里面的空间和外面的空间是相辅相成，是正负互相的渗透。而且设计师也把它想成莫比乌斯环，内外的反转，比较巧妙地把建筑室内空间和环境结合起来。在这个反转过程当中又把结构和空间界面整合在一起，对此也让我对这个建筑设计的品质，还有建造的品质十分赞成。

第三点从美学上来讲，我们中国人很重视自己的文化。通常我们对建筑的期待往往来自于我们对中国传统建筑的观察，所以特别喜欢我们的故宫，我们的太和殿。通常我们中国建筑师在做设计的时候都会把老祖宗留下的传统的代表国家的建筑当成我们的模板。凤凰中心项目，我当然不是完全了解邵总初期的想法，但我从他完成以后来观察，确实很难说跟传统有直接的一种传承关系，看上去很现代。但实际从文化认知上可以看到这个建筑的某一种中国传统性的东西。一个它本身的形态非常的柔润，然后形成了非常飘逸的建筑扭转。这些跟我们中国建筑很多大屋顶的曲面，屋角的起翘，包括整个结构飞扬的感觉还是有相关性的。总之，非常好的一点，因为它是一个全方位的建筑，中国传统建筑是以矩形平面为主，所以有正面、侧面，也有轴线来控制。而这个建筑不是这样的。所以它恰恰是不需要有轴线，或者说他的轴线是一个扭转的轴线，这也巧妙地解决了中国传统建筑的形态、方位和现代城市的空间、现代城市生活的转换，这种转换也做得比较巧妙。

同时，更应该说这个建筑是一个创新的建筑，在美学上，跟今天国际化的建筑语言更加接近。换句话说也是现代建筑美学的展示，虽然把它跟传统拉在一起是我们欣赏这个建筑的时候容易解读的一种方法。但是它的创作逻辑是来自于现代空间构成的方法。所以从这点来讲这种创新性还是非常值得肯定。不是折中主义，不是拖泥带水，邵总的这个作品是比较有纯的文学意向的。换句话说不管谁来看可能都会被它的形态、美学所震撼，至少留下印象，不管你喜欢或者不喜欢，它是一个完整的东西。所以从美学来讲这个建筑还是非常漂亮。当然我觉得这样的一个形态再加上空间光线的变化会带来更多的表现机会。所以建筑是离不开光的，这个建筑巧妙地将建筑形态和光建立了关系。想象一下如果这个建筑虽然也表现出这种形态，但是整个立面是封闭的，比方说用金属或者石材，我们看到很多这样的建筑，显然跟光没关系，更多的是雕塑。而这个建筑光在里面起到的作用更大，甚至它的形态最美的时候是被光穿透，看上去更美。

当然，这样一个建筑坦白说也是有些代价的。虽然我不是特别清楚它的造价最后怎么样，但是我相信不是一个比较经济或者比较便宜的房子。当然它在美学上或者说在艺术上也不是一个便宜的艺术，也是一个有价值的东西。再一个他可能带来的代价就是维护的费用会比较高，换句话说我们不太能真正用绿色建筑来描述这个建筑。它带来的光很漂亮，但是它运用很多玻璃，会有相关的能耗，比一般的建筑来讲。所以我们也不能刻意地要求它，因为很难让一个建筑面面俱到。比如说悉尼歌剧院，大家也都知道多么美好的一个建筑，可是当年被全世界的建筑界诟病，这是不合理的，是形式主义的，是不符合结构逻辑的一个建筑。当然造价就会巨大，甚至当时曾经为这个倒台了一届澳大利亚政府，可是现在看起来较好。所以有的时候建筑的价值更应该从长久的文化、艺术的价值去进行判断，这点我还是比较认同。

记者　　　　　　　　　我留意到刚才您说到不管喜欢还是不喜欢，起码会震撼。想到一个审美问题的时候到底是美的还是丑的，也有人说它喜欢丑，这也涉及一个审美的标准问题，在您看来什么才叫美，您对这个标准是什么样的？

崔愷　　　　　　　　　这是一个蛮难回答的问题，不同人有不同的价值或标准。甚至可能还跟一个人心情有关系，今天不高兴看什么都别扭。说到奇奇怪怪的建筑，我个人认为是那种为了追求某一种惊人的效果，然后抛弃了所有能接受的美学价值观而做的一些个性化的东西。坦率说在当代艺术当中有些东西确实是不美的，甚至是奇怪、丑陋的。当代艺术很多作品走向了另外一种批判性，所以它拒绝传统的美学。对建筑来讲，建筑的美学，因为是要奉献给城市，奉献给所有人来观看的，所以必须应该承担美学的基本价值。如果说这个建筑确实不好看，变成了一种争议，我个人还不认为这是建筑承担的美学的衬托作用。所以我觉得凤凰中心确实是一个优美的建筑。无论从它的空间表达、结构表达、与光和环境的关系，它都是很美的一个建筑，不像有一些建筑，里面的空间非常一般，然后外面装了一层表皮，这层表皮做得很炫，甚至是花了大量的代价，这种建筑也能做得好看，但是是虚假的，装饰出来的。这样的建筑不少，包括一些国外大师的作品也有这样的问题，我不太认同。我更喜欢像邵总这样的很严谨地经过推敲的，从里到外、表里一致的对美的表达，这样还是很健康的。

记者　　　　　　您刚才也说到代表，其实建造过程同样也并不容易，对技术上有一定要求。包括钢结构、玻璃幕墙，它的技术含量您怎么看，它达到什么样的水准？

崔愷　　　　最初看到邵总拿出这个方案以后，我还是多少有点担心的，我担心这样的建筑能不能造好，甚至在它的建造过程中我也到附近看过。施工过程当中可以看到装的非常费劲，很多地方的交接我也蛮担心怎么收。但是后来建成验收，看到整个的完成度比我预想的要好很多，当然不敢说用最高的标准评价那么完美，但确实是相当不容易。因为我们自己也做过有一点难度的项目，但是我们控制远远不如邵总的好。一方面设计的精细化，另一方面整个建造过程比较科学和严谨。很多东西需要做很多的实验，很多的样板、推敲，这方面邵总做得非常好，当然也得到了业主的大力支持。所以总的完成度是国际水平，上次在座谈会当中也是这么认为。也说明中国施工企业的建造水平和综合能力，也达到了一个比较高的高度。

记者　　　　　　我们也采访了设计团队以外的，包括幕墙公司、钢结构公司，他们当时都提到了这个项目就一个字，难，甚至说我不干了，钱我也不要了。最后邵总团队用BIM技术，Catia软件等，跟施工方一块解决问题。这里从设计的上游到下游一系列都有自我提升和进步。我们提到建筑界一个词叫科技革命，您认为这个科技革命是目前建筑界迫切需要的东西吗？

崔愷　　　　当然，中国的建筑质量提高依赖于一系列建筑科技进步、创新这样的意识。所以凤凰中心是一个很好的代表。通常是这样，我们接触到一些项目，业主对建造的难度以及代价、成本估计不足，所以选了一个高难度的方案，但是准备的是一个普通建筑的资金。然后造成层层发包，最后就出现你说的很多人知难而退，不干。凤凰中心项目我不知道凤凰卫视资金的控制怎么样，但是我觉得项目得到了比较恰当、充分的支持。当一个建筑从设计提出的挑战到后期的整个技术创新都得到业主的大力支持，是非常难得的一个机会。我们也碰到过这类的情况，有些时候你干一个普通建筑的时候，可能碰不到特别牛的施工队，或者你碰不到特别有热情的施工技术团队。可是当你有一个很有挑战性的项目的时候，你会发现出现在你身边的往往是一支特别有创意的、迎接挑战的、合作精神的团队。

这很有意思，这是我以前没有意识到的。现在整个建筑施工行业，包括很多专项设计行业，大家的创新热情还是挺高的。你提出了一个想法，会有人来帮你不断地从各个方面进行研究。这件事让我觉得很鼓舞，我们自己的项目当中也有一些挑战性，做混凝土，做比较复杂的幕墙，做一系列专项设计等。因为有这样一个任务，有业主的追求，然后就有专业团队，大家都觉得以做成功这件事为荣。就是那种手艺人能够揽瓷器活，那种感觉挺好。我认为不光是中国的建筑师、工程师、施工的工长，年轻的大学生进入到施工企业以后，也给这个企业带来创新的新气象，让我每每很感动，也让我更有信心。我们行业应该珍惜这种创新的氛围，而且要保证这种创新得以实施。在这点上我坦率的说，最大的阻碍就是低价招标，低价中标，这对于所有的创新都是毁灭性的打击。我们以前在项目中的问题也往往出现在这。只要从设计到施工到业主，能够一条心，我觉得一定能实现。

记者　　　　　　　　刚才我们反复提到了空间是凤凰中心的特点，有特别大一个空间，有人就提出这个问题是不是有点浪费，因为楼内部的主体就是两建筑，相当于在外围加了一个罩子，然后产生了大量的空间，是不是有点浪费。您感觉呢？

崔愷　　　　　　　　得用不同的视角来看这个事情，我认为如果用普通建筑来衡量当然是一种浪费。我们很多建筑也有不同程度的浪费。为什么要在大商场里做一个中庭，都填上做成商户就完了，当然大家知道那样的商场没人愿意去逛，没有任何的感召力。为什么很多公共建筑要有大厅，超出它功能的需要。原来一个剧场也好，一个电影院也好，厅只是为了人流的集散，并不完全需要。但今天我们越来越多的建筑来强化公共空间本身的感召力，实际上跟这个时代大家对建筑艺术的一种追求是有关的。所以凤凰中心也是这样，它的大厅不能用出多少面积，会增加多少实用功能来简单的判断，我觉得大厅没有这样一个尺度，没有这样的透明性，没有这样一种很玄妙的扭转空间的话，可能它就是一个普通房子，就失去了一次让大家去欣赏一个建筑艺术的机会。

凤凰中心这个大厅一定能成为社会大众传递建筑美学很好的一个课堂，我希望它有这样的价值，希望在里面搞很多的活动，小孩可以进去，学生可以进去，老百姓都可以进去。这样的话大家在欣赏的时候可能会把这个建筑的价值体现出来，所以我个人是很认同的，我觉得这个价值会在未来的使用中逐渐的体现出来。

记者　　　　　　　　您也反复提到了对公共空间的打造，凤凰这个楼并不仅仅当作一个电视台，也要打造一个对公众开放的空间。其实在筑梦天下这一两年的节目中也反复提到公共空间这个词，公共空间您怎么看？

崔愷　　　　　　　　公共空间是现代城市生活中很重要的内容。这么多人汇集在这个城市，如何使他们更幸福地生活，更有益地交往，是建筑师、城市规划师在设计中经常要考虑的问题。比如城市有好的建筑可以去看，有好的空间可以去聚会。因此公共空间是带有某一种超过一般的功能性的，而能让人们碰在一起的这样一个场所。当然它会依附在剧院里，或是博物馆里，或是一个市政广场上，有很多。这些都是产生人们交往活动的载体。所以公共空间是一个城市、一个建筑都应该必备的，只不过在不同的项目中掌握不同的度，到底应该做多大能够匹配。所以像城市的一些重要文化建筑、标志性建筑，他的公共空间不仅仅属于他自己，还属于公众，甚至有的时候代表一个国家。我记得当时在首都博物馆跟法国人一起合作设计的时候，选择的方案就是创造一个大型的城市客厅，于是我们的方案最后被认可，后来听有些领导给我们转达大家还是很认同。这个博物馆应该是城市的客厅，不仅仅是一个博物馆的门厅，甚至当时市领导说将来有一些城市的接待活动可以在博物馆里，不一定都到市政府，这是一种非常新的理念。国外贝聿铭做的华盛顿国家美术馆的东馆，非常漂亮的建筑，最大的空间、最感人的空间不是那些展厅而是中间的大厅。那个大厅我去过几次，几乎每一次去晚上都有活动，或者是一个企业的活动，或者是一个社会团体的活动，它就变成了一个城市的客厅。凤凰中心这个项目应该也能起到这样的作用。

记者　　　　　　　　　　凤凰如果要进一步打造更多的公共空间的话，您可以提一些建议吗？

崔愷　　　　　　第一应该保持这个空间整体优美的完整性。第二这里面应该通过策划组织一些很有效的老百姓能够参与的活动。好的活动设计可以比较巧妙的利用空间的特点。如何利用光、结构的特点、起伏的台阶，都有很多思考或设计的机会。我们对一个好的建筑被错误地使用是非常担心的，搞活动的人、搞文化的人没有这种设计感，用一个简单的比方，很好的大厅，里面一定要把墙围出来，围出很难看的幕布，搞一个很普通的场景，可能将来放在这里是破坏性的。所以确实要有高手来用这个空间。就像有一些艺术家为这个空间来设计一个东西，他不是把自己的东西拿到这做展览，而是他为这个空间而设计。我觉得凤凰中心将来应该用这样的方法来使用和提升，因为建筑还是某一种静态的东西。

虽然有光，空间有一种流动的感觉，有不同的感受，但是它也不能说一笔都不能添加，可以通过艺术，通过光、雕塑的设计，更加使它锦上添花。这一些还是值得期待的。

记者　　　　　　　　　　有一点我印象很深，完全可以把它当做建筑美学的课堂让公众去欣赏。

崔愷　　　　　　将来假如这个项目能够定期开放参观，那它应该有很多设计建造方面的知识可以展示，怎么能够把这些信息通过巧妙的方式呈现出来，还是挺好的课题。甚至我也期待对于现代媒体，公众肯定也很好奇，到底媒体是怎么运作的，节目怎么做，场景怎么取，是不是应该也利用这个空间展示给大家。这个建筑挺适合现代媒体的展示，我觉得还是有意思的。

| 记者 | 相比一些媒体建筑，凤凰中心您觉得它有什么特点。 |

| 崔愷 | 我印象比较深的媒体，比较打动我的，比方说纽约的洛克菲勒中心广场，一般建筑师到里面一定要去看这个广场，因为这个广场是在城市设计方面非常经典的一个城市广场，很活跃。在这个广场的边上是福克斯电视台，一个早晨播新闻的透明的播音室。我去过纽约好多次，只要有时间，早上愿意到那去转一下，就会有游客在里面等着，就会看到里面播音。整个的场景非常好玩，里面的拍摄人员有些时候会出来，就拍一拍门口的游客，甚至做一点采访，然后资料马上就能在电视上呈现出来。就是一种非常开放的，带有娱乐性地跟公众的互动。我印象特别深。

实际上这是一个电视台吗？福克斯电视台把这么一个演播厅放在城市公共空间的旁边，就是作为一个公众媒体的形象起作用。我觉得这件事非常好，所以凤凰中心在公园的边上，它能不能利用这个公园的环境，有一些跟游人互动的办法，让这个媒体真正的变成一个非常愉快的让人们觉得享受生活的现代媒体。有些时候把这样的一些看上去很平常的事情，跟一个非常复杂的、大家觉得完全搞不懂的、这么多技术构成的东西巧妙地结合在一起，也是我期待的，但这完全不是建筑师能够去做什么，只不过我们通过这样特定的环境，让人和媒体怎么样能够相遇。 |

| 记者 | 凤凰中心这个楼您印象最深或者最喜欢的是它里面哪一个。 |

| 崔愷 | 我还是很喜欢里边的光影效果，当你进到凤凰中心看到光把钢结构构件非常有韵律地打在空间当中，又有一点变换的感觉。这确实是我一直留在脑子里的印象，我非常喜欢这个画面。我还喜欢里面一个悬挂的坡道，做得非常精巧，技术上非常新。像一般过街天桥做得非常难看，几个大柱子撑着没有一点美感。而这个桥做得非常漂亮。这两个地方是我特别喜欢的。当然我也听说，中间有一个地方是中国香港设计师专门做的一个体验空间，就在一层的部分，也不知道这个空间会不会做得更有意思。 |

记者	我们刘老板还专门给这个坡道起了个名叫"梦之桥"，是从东中庭二楼一圈一圈上去的旋转坡道，您为什么喜欢它，您怎么解读这个坡道？

| 崔恺 | 这个桥让我联想到柏林的德国议会大厦，在它的最顶上有一个观光厅，所有去柏林的人大概都会去那个地方，有一个坡道顺着玻璃的穹顶一圈一圈走上去可以看到新的柏林。当然还有一个很好的象征，面向游客开放的同时里面还有议会在开会，所以是一个民族政治的象征。穹顶是福斯特做的，那个坡道做得非常好，非常的轻巧。邵总这个桥做得也非常的干净利索，技术上非常的巧妙，我也很钦佩跟邵总合作的工程师，他们能够很巧妙地解决这个桥本身会带来的结构、支撑、振动等问题，走在上面感觉也是挺好。因为确实空间很高，如果说只是在底下这些平台上去看它可能不够。而有一个桥将你引到稍微高一点的地方，有一种凌空的感觉，对空间的体验可能更好。

我也不太了解是不是原来邵总规划当中把它当成一个可以参观的建筑，或者说建筑某些功能需要有连通，但这个桥在空间当中确实有它的恰到好处的一种效果。无论从功能、体验空间还是结构美学都还是做得很不错。 |

记者	您刚才提到这个桥从工程上来说其实是有难度的？

| 崔恺 | 对，我觉得是有难度的。因为最后进到建筑里面我看到这个桥，因为它是一个牵拉的结构，完全用钢，我不知道是悬索还是钢拉杆把它整个吊起来，一般来讲这种建筑在露天比较容易实现，就好比拿吊车把一个东西从地上拉起来，可是在一个已经完成的空间里做它是需要有一个逐步的安装过程的。而且安装又要求流畅的效果，那么安装过程中如何起吊桥身，如何跟这些拉索很好的形成连接，也会有一些工程上的难度。因为空间是有局限性的，所以我觉得难度蛮大的。 |

| 记者 | 在工程技术上有很高的要求。 |

| 崔愷 | 我觉得是，不容易，因为这个桥的难度比福斯特柏林议会那个桥的难度看上去更高一点。 |

| 记者 | 在凤凰中心大楼整体技术上，特别是数字技术方面，您了解吗，它达到一个什么样的高度？ |

| 崔愷 | 我不太权威，因为对数字技术这块我不像年轻人那么了解，我觉得应该是一流的水平。而且相比较数字技术在建筑当中的应用，现在比较多的是做建筑的表皮，很复杂的集成技术把表皮做得很炫，那种当然是一种方法，从技术上也有它的挑战性，但是我觉得邵总这个建筑不是一个单纯的表皮，它这个数字技术是贯穿到里面所有的技术设计和安装的技术控制上，这些都说明还是比较到位的，是真正的建筑，而不是一个方式。 |

凤凰中心的第三种文化态度^①

徐卫国　教授
清华大学建筑学院建筑系主任

---
① 清华大学徐卫国教授 2016 年 3 月 26 日接受香港凤凰卫视《筑梦天下》栏目专访节选

记者	北京也树立起了一批地标建筑，注意到这些地标建筑都是外国设计师设计的，这里面中国建筑师似乎缺席了，给人有这样的感觉，但是2008年这个时候凤凰选择了中国本土建筑师邵韦平来替自己做凤凰中心，您怎么看待凤凰中心，您觉得本土建筑师建凤凰中心有什么优势呢？

徐卫国	中国的建筑还是由中国的建筑师来设计，因为建筑离不开它的环境，离不开它特定使用的人，而对这个特定环境和人最了解的，还是在这个环境人群当中生活的人。所以本土的建筑设计师来设计本土的建筑应该是最佳的一种设计。

记者	您是否觉得本土建筑设计师更有地域的认识？

徐卫国	从中国建筑师的成长过程来说，西方建筑师在2008年之前，比较多的设计了中国比较重要的公共建筑，当然一方面的原因是本身国外大量的建设，长期的历史发展使他们有一定的经验，但与此同时，中国的建筑师正在成长，我认为是像邵总这一代建筑师在这个过程当中，或者说到2008年那个时间点的时候，已经成长起来了。

在20世纪90年代，中国的建筑师很纠结。这种纠结表现在他们一方面向西方学习，把西方的设计经验，更多的是把西方的建筑形式，一知半解地搬到中国来，另一方面，就是把中国的传统试图再表现在中国的现代建筑设计当中。其实这两个都是比较极端，比较片面的。它导致了90年代有很多建筑显得不伦不类。但是在这之后，中国的年轻建筑师开始了一种探讨、探索，他们的探索是带有批判性的，批判了刚才谈的两种建筑思考，他们把立足点建立在一种精神之上，这就是建构精神、建构理论。所谓建构，指的就是建筑的形式，形式应该忠实地表现建筑的建构逻辑和材料的构造逻辑，也就是说，不要把建筑设计得太形式主义，它应该和结构和材料之间有密切的关系，这种造型是一种自然的美的流露，是一种很自然的形态。这个思想对中国建筑的发展有非常大的影响。所以年轻一代的建筑师是在这种思想的指导下，或者以这个思想为设计的原则，应该说走出了泥潭。

走出了刚才说的两种倾向的泥潭，走出了中国建筑师的自信。但是话说回来从历史的角度来看，这些年轻建筑师的探讨仍然没有完全摆脱西方的影响。另外一个痕迹就是更关注中国的乡土文化，把新的建筑设计，挖掘这种传统的工艺，或者建立在传统方式的基础上。它不是很完善，又没有完全地树立起中国建筑师的自信，对于中国的建筑问题，用西方的理论，或者用中国传统的方法其实都不能很好的解读，这样就需要有第三种建筑文化的态度。那么这第三种建筑文化的态度是什么呢？其实像凤凰中心的设计，它表达了第三种文化的态度，这种态度表现在它既批判性地学习西方，又批判性地继承中国的传统。

不仅如此，更多地立足于当代，把社会科学，自然科学的一些成果在建筑上反映，把这种新的建筑思路和建筑技术用到建筑上，就完全走出了一条崭新的中国建筑的道路，所以凤凰中心其实是在这么一种中国建筑设计的历史发展过程当中出现的一个建筑，所以非常关键。

凤凰中心本身的设计成果是非常出色的，是在世界上建筑质量控制方面应该说是最好的建筑。但它最大的特点，是把数字技术应用到了建筑设计上，用数字技术控制了建筑设计的各个环节，一种新的设计方法和设计过程，并且依赖于新的数控加工的加工途径，以及装配式的施工方式。所以它创造了一种模式，这种模式可以归纳为数字建筑设计加上数控加工，再加上装配式施工。这三者结合，使得建筑师对建设设计到加工到建造，控制程度变得很高。之所以它具有这么精美的结果，或者高的质量，跟这个模式是分不开的。

当然建筑师是最主要的，对设计、加工、施工进行控制，还有比如甲方的配合，施工队加工，厂家的努力等，离不开各个方面，但是建筑师的控制是最为重要的，因为他是专业的指导，或者说是把握了建筑由设计到施工建造的整个过程的。所以凤凰中心的高质量原因在于运用了最新的数字技术，数字技术是凤凰中心最核心的原因，我的看法是这样。

记者　　　　　　　　　　如果只说这个建筑本身，如何从建筑美学层面上去解读呢？

徐卫国　　　　　　　　　凤凰中心从建筑设计的这个角度来看，在学术上还是有非常多贡献的。第一个我认为，它最高程度地，或者比较高程度地体现了建构精神。刚才我们谈到了建构，建构指建筑的形式，要跟它的结构逻辑，以及材料的构造逻辑相对应，它是结构和材料自然的表现形式。

凤凰中心的设计达到非常高的高度。比如用它的外壳举个例子，外壳本身就是结构，在结构的基础上要加上窗户，像一般的幕墙是复合的，它由多层建筑构件组成，比如里头是钢筋混凝土结构，然后再加上隔墙，保温，防水，外饰面，是一个非常复杂的结构，可是我们看凤凰中心，就是结构再加上窗户，很薄很简洁，你可以很清晰的看到结构，窗户的形态，看到它们之间的连结。

这正是建构精神所推崇的一种建筑设计，这种形式忠实地反映了这种结构的逻辑，反映了材料构造的这个节点，所以很清晰。之前谈到在 20 世纪 90 年代，中国年轻的一代建筑师走出了瓶颈，走出了泥潭，他们靠的就是这个精神武器，建构的精神，建构的力量。可是他们并没有做得非常完善，原因在于还是缺少新的技术，还在用传统的技术实现传统的建构。

凤凰中心的设计运用了新的数字技术，是一种新的工具，这种工具使得建构的精神得到了最高程度的表现，而邵总也充分利用了这个工具。比如整体造型的生成，运用数字技术就可能要把"设计"换一个词，换成"生成"，整个形体是靠软件技术来生成的。所谓的生成是要依靠软件，软件程序本身包含了算法，算法指一种关系。而这种关系就是几何的关系，也就是这个形体是由最基本的几何关系构筑起来的。建筑形体本身是计算机图形研究的对象，在计算机里构筑形体，其实也是在建造这个建筑。它建造的基本关系是算法关系，通过算法关系构筑了这个形体，而用计算机构筑虚拟形体，可以把生成逻辑关系提取出来，用于深化建筑建构的关系。邵总正是把这种计算机的生成逻辑提取出来，作为建筑建构的关系，或者作为最基本的结构系统，然后再进行这个结构系统的受力计算。

结构计算时，要加上风荷载和重力作用等，之后就能算出结构构件截面的大小。把计算机的生成逻辑，变成了建筑的建构性，而最终建筑的形态又保持了这种建筑建构性，所以逻辑性是特别强的。从生成到结构的计算，到加工，到施工都是一致的。这种具有完美连续性逻辑的建筑本身具有一种非常优美的完善的系统，所以这是它美的一个方面，这是生成。

在生成之外，我们参观这个建筑的时候，很容易把建筑和环境结合起来产生一种感觉，这种感觉其实就是这个场所特有的气氛，场所感。我亲自体验凤凰中心之后，我觉得它充分地体现了场所的特征。一方面，凤凰中心处于一个犄角，这个地方车水马龙，交通人流挺杂乱的，如果不用这种圆润的形态，换成直角的形态的话，人就会离得很远，感觉这个建筑怎么会这么不舒服。用这种形态，它和街角处交通的流向，整个空间的关系就显得更协调、更友好了。另一方面是它的东北角是朝阳公园，朝阳公园本身有一种灵动、亲切，有一种近人的感受。这个建筑放在水边，用圆润的形式，当人在建筑里走的时候，可以透过玻璃看到水，空间形态和水面岸边的形态都是协调一致的，会让人产生一种舒适感，其实是让人有一种归属感，也就是说觉得这个建筑对我是友好的，所以我会产生一种愉悦的情绪。这就是凤凰中心的设计确实给人带来了一种场所的感觉，一种归属感。这是从学术的角度来说，它体现了建筑的另外的一个理论，叫做场所理论。这是 20 世纪世界建筑界的一种共识，建筑应该具有场所精神。我认为这个建筑能表现场所精神这一点确确实实是得到了非常好的体现。

记者　　　　　　　　也有人说这个外形会不会奇怪，对于奇怪我们有怎样的衡量标准？

徐卫国　　　　　　　我的看法是，数字技术与建筑设计的结合给建筑设计带来了更多的灵活性，或者说更大的潜力，尤其是对建筑的造型。数字技术给造型带来了巨大的潜力，它可以创造出更复杂更丰富的形态，这是计算机技术本身的潜力。那如果运用计算机技术来造型，实际上取决于建筑的使用要求以及它的环境条件，可以说一个是内因 DNA，一个是外因，外部影响因素。

但是之前做建筑设计的时候，对上述两者虽然也把握，但是非常片面，人为地去把握，很僵硬，或者说简单地把功能和外部条件转译成建筑形态。建筑师还是在用他自己的想法和灵感在设计建筑造型。因为之前建筑师只能靠自己的积累及对造型的设想，然后通过他的灵感来产生一种形态，所以是有局限性的。

环境条件是复杂的，动态的、变化的，而人的使用也是动态的，因为人在空间里面的活动，即功能，并不是僵死的。人在动，要交流，坐久了要出去走一走，要跟自然对话等。这些动态的使用功能，之前的建筑师并没有意识到，或者说现有的条件不能把它反映到建筑上。但是数字技术，它可以把内部的动态活动、人的行为，以及外部的变化环境因素捕捉到，并且进行分析，然后转译成一个形体。所以用计算机技术可以把人的要求、行为，以及变化的外部的环境，更深入、更准确地作为设计的条件，来计算生成。通过软件来生成建筑的形态，就不会是简单的一个方盒子或一个标准的形态。它是从使用的复杂性，活动的动态性出发，生成了一个它认为最合理的形态。而这种形态不会像以前建筑师所设计的形态那样简简单单的。因为生活是丰富的，环境是动态的，内部的功能是动的，所以计算机技术或智能化会把这种特点反映在建筑形态上，建筑形态一定是不同于以前的。这种形态表现了人动态的使用要求，表现了环境的复杂性，尤其是社会生活的变化。现在的社会生活变得比10年、20年之前要丰富、复杂得多，那么新生活的特点都应该反映在建筑上，因为建筑是人生活的空间，这个空间应该反映人的需求，反映环境的特点，而新的生活方式，新的生活要求如何反映到建筑空间上，其实靠计算机技术是可以实现的。也就是说，比如建筑的形态并不应该是建筑师武断地赋予它一个形式，相反的应该从生活出发，从具体的环境出发，从人的行为出发，把这些作为设计条件，通过计算机计算生成建筑形态，那么这个建筑形态应该能够满足人的生活的要求，满足环境的要求。

记者　　　　　　　　　　也就是说数字技术可以加入人性化。

徐卫国　　　　　　你说到了最关键的部分，数字技术本身非常冷冰冰，但是它可以实现最高程度的人性化，它可以把人的要求反映在建筑的空间，乃至建筑的形态上。在自然界当中，没有简单的几何形态，没有方的或完完全全矩形的东西，都是非常有机的。为什么有机呢？一方面是受 DNA 内部遗传基因的影响，另一方面受环境条件的限制，这两者塑造了一个有机物。建筑也应该像有机物一样，满足人内部使用的要求，并受环境的控制影响，塑造出一个形态。根本·目的是满足人的生活需求，满足人和自然的关系。

记者　　　　　　就是说它和这个时代精神是相符的。然后我们说凤凰中心的时候，会有东方传统文化的内容在里面？有吗？

徐卫国　　　　　我认为这个建筑在继承传统方面，做到了非常好的程度，它是抽象地体现传统，这种抽象性表现在人和自然的关系。因为中国传统园林最重要的一个手法是步移景易，在凤凰中心里确确实实做到了这一点。它的空间本身是流通的，空间之间是连续的，当人走到里面，有一种走在苏州园林里的感觉，它很自然地引导着你走，带着你在空间里环游。

记者　　　　　在设计过程中大家都提到了数字革命，据我们了解，在建造钢结构和玻璃幕墙的过程中，数字技术也进行了很好的贯彻。

徐卫国　　　　　是，举个例子，如果没有数字技术的话，凤凰中心最后的结果不会这么精美，节点不会这么精准。它达到了高精度，高质量得归功于数字技术。数字技术的能力表现在设计师设计它是以三维模型的形式来设计的，同时在软件里，形态的每一个控制点都是有定位坐标的，建筑师设计完形态之后，把设计传递给加工方其实是给了一个数字模型。有的还要加上构件的定位坐标，厂家就可以直接用这些文件进行数控加工。

记者　　　　　现在很多的厂家好像还玩不转这套。

徐卫国　　　　　确实，因为受到技术条件的限制，有的加工厂家没有数控加工的设备，就不能把数字设计的成果直接用到加工来，这会导致原来设计信息的丢失，导致构件加工出来和设计不一致、有误差。

记者　　　　　我们说凤凰中心空间感特别强，而且有大量建筑空间，有人说空间是一种浪费，有人说感觉很好，您怎么解读凤凰中心的空间感？

徐卫国　　　　　凤凰中心具有它的特殊性，在设计之初，我对设计任务书要求也是有所了解，它有对公众开放的要求。所谓对公众开放，就是公众可以进入凤凰中心，它有一定的公共性。那么从一楼到二楼，到屋顶这些空间都体现了它的开放性和公共性。

　　　　　因为刚才谈到了它和城市的关系，城市本身很拥挤，而建筑提供了公共空间，人在里面的空间活动，就把建筑和城市联系到了一起，体现了社会的一种公共性。所以这些空间是非常有必要的，它的必要性就体现在给公众提供了一些活动的地方，同时把这个建筑向社会开放。所以这是一种新的建筑思想、建筑精神，这个精神体现了凤凰卫视对城市的一种责任，对公众的一种友好，我想这也是非常超前的。

记者　　　　　　　　公共空间这个概念在当前社会上是超前的吗？

徐卫国　　　　　应该说是共识。做建筑，尤其是公共建筑，具有一种公共性、开放性，其实是共识。因为在社会越来越民主的发展趋势下，建筑打开它的大门，让公众能够贴近它，走进它，这体现了建筑的一种社会责任，体现了对公众的友好，我想这应该是全社会的共识。

记者　　　　　　您是否参观过同类型的建筑，跟他们相比凤凰中心有什么不一样呢？

徐卫国　　　　　凤凰卫视由于它的定位和它中立的态度，可能和其他的媒体建筑有所不一样，我认为至少这个建筑做到了，它的建筑空间和它的企业精神也是一致的，或者和媒体的立场是一样的。这一点也是建筑设计一个成功的地方。

记者　　　　　　对于这一栋大楼，您最喜欢，或者印象最深的某一个细节是什么？

徐卫国　　　　　我最喜欢的就是刚才说的，公共的、开放的空间。一进来，你感到这个地方是欢迎你的，你在里面似乎觉得很自由，很愉快，很流动，建筑本身在引导着你走完这里面的空间，感觉到很愉悦，所以这个公共的空间其实是这个建筑最好的空间。

现代建筑语言的纯粹性①

潘公凯
中国美术家协会副主席
前中央美术学院院长

---

① 中央美术学院潘公凯院长 2016 年 3 月 26 日接受香凤凰卫视《筑梦天下》栏目专访节选。

| 记者 | 之前在跟邵韦平老师的采访当中，我们听说了一个非常有里程碑意义的事情，就是咱们中央美院是国内第一所开创建筑系的艺术院校？ |

| 潘公凯 | 建筑学院。 |

| 记者 | 当时也是有一个很大的触动，我非常想知道，您为什么会在这个艺术院校创建一个建筑学院？ |

| 潘公凯 | 这是一个很正常的事情，而且是一个惯例，其实不能算是创造性。因为欧洲、美国的美术学院里面，很多都有建筑专业，建筑专业跟美术专业原来是合在一起的，建筑是美术的一部分。原来美术是一个比较大的概念，中国在大概 1953 年院系调整的时候，把建筑系都划归到理工科了，像杭州的国立艺专，原来就是有建筑系的，划到统计了。划出去实际上不太对，造成了中国几十年来，建筑师队伍的知识结构比较单一化，都是从理工科学校培养出来的，就缺了从艺术学院培养建筑师人才，这对我们中国的建筑事业的发展其实是有点损失的。

我们经常说到这几十年中国的建筑都好用了，但是都不好看，这也造成了近些年国外建筑师来的比较多。其实有我们自己的原因，因为我们这方面比较欠缺，创意比较差，建筑外观的审美方面，特别好的不太多。所以外国建筑师乘虚而入，我们有点虚的，是他们进来的一个原因。这也是我们中央美术学院要办建筑学院的原因。

其实中国 20 世纪二三十年代办的美术学院里，有好几个都是有建筑专业的，原来就有，只不过 1953 年院系调整把它又分出去了。现在再把它重新建起来，准确地说是恢复了 20 世纪 20 年代的传统，也是欧洲的传统。 |

| 记者 | 现在老有一个词民国范儿，实际上是回归民国范儿？ |

| 潘公凯 | 对，中间中断了一段，而回归民国范那段时间，大家的一些策略性的选择，是比较正确的。 |

记者 建筑是一门艺术，但是它又包含了很大的一块工程和技术，您是如何看待建筑传递艺术和工程技术这两者之间的关系？

潘公凯 建筑当然有一个工程技术的问题，其实其他的艺术形式也多多少少都有一点技术成分，比如说绘画，舞台表演，也有技术的成分。只不过建筑技术的成分相对来说比较稳定，而且比较成体系，比较完整。所以说建筑介于艺术和工程之间，正因为它介于两者之间，就希望学生有两方面的知识和训练。以往我们建筑专业都放在理工科大学里，审美方面的训练比较欠缺，那么在美术学院里审美问题可以解决得比较好，但是反过来就要补技术。这是一个互补关系，我们大家都得取长补短。

记者 我们说到，其实不管是建筑、绘画，还是音乐上，都存在一个阶段，就是西风大盛。谈到西风大盛和本土，我们如何拿捏中西这个度？

潘公凯 西风大盛，准确地说叫西学东鉴，这个是正常的，因为我们一直封闭，21世纪初开始开放，感觉外面的东西都很新鲜，外面的世界真精彩。不要说大家想去看看世界、了解世界就是崇洋媚外，其实没那么严重，不了解的东西都想看，就像外国人不了解中国，也想跑到中国来看，他们也没有说崇中媚外。所以这首先是一个很自然的过程，看得多了，大家就也会比较客观，心态会比较平，也不会觉得外国人什么都好了。

第二个就是西和中两个建筑风格，当然他的历史不一样，理念不一样，发展道路不一样，风格差别很大，但是对于中国的建筑来说，是坚持中国本土的路线，还是多学一点西方的现代主义呢？我觉得这个首先是建筑师个人选择的问题，是不能规定的，简单规定就把创意都遏制了。所以比如说有的建筑师，他在外国留的学，就多做一点现代主义的建筑，我觉得没什么不好，因为他学的就是这个，你不让他用也不好。而有的建筑师可能对中国古代的建筑特别的热爱，就多做一些中国本土风格的，有乡土气的，或者跟中国的建筑传统有更密切关系的建筑。所以我个人觉得不能有一个统一的规定，这就是建筑师自己的选择。因为每个人的知识结构不一样，他的长项在哪里？怎样发挥他的长项？这是一方面。

但是另外反过来，市场、政府导向或者一些公共建筑的需求，也会对中西方之间有一种影响，一种导向。比如政府现在提倡什么，可能就是一种导向。还有就是像公共建筑，建设方怎么想，那么基本上风格就往哪个方向偏。所以我们建筑师也得理解这一点，一方面希望政府理解建筑师的个人选择，同时建筑师也应该理解政府导向的重要性和必要性。面对每一个不同建筑的时候，面对它不同的功能，肯定会有很多个人化的处理，或者实验性的处理，我觉得都应该延续。

记者　　　　　　　　在之前，他们都提到比如说中方建筑师和西方建筑师在同样投标上，很多时候，本土是吃亏的。

潘公凯　　　　　　在 20 世纪末以来，最典型的就是 2008 年的时候，我们一系列地标建筑全是海外建筑师设计，而本土，包括邵老师，失落了，真的是这样吗？这种差距真的存在吗？差距肯定有，如果我们连这个差距也不承认，这不是一个实事求是的态度。因为 20 世纪五六十年代以来，中国几乎没盖多少房子，除了十大建筑之外公共性的建筑盖的非常少，住宅也都是筒子楼。这样的状况下，建筑师根本没有多大的发挥或实际训练。这种情况其实也是我们几十年的封闭所带来的，跟国外也不交流，经济也不沟通，获得的项目也很小、投资很有限，在这样的情况下，中国建筑师就成长不起来。

改革开放以后，尤其是 20 世纪 90 年代以后，中国经济腾飞，发展建设，这给中国建筑师带来了前所未有的好时代。但是由于中国建筑师在几十年代积累很薄弱，所以刚开始跟西方的差距是很大的，现在在慢慢地接近。中国建筑师发展进步得很快，正在追赶国际上最好的水平，但我觉得还有差距，这个差距不仅仅是一个形式多少有创意，而是一整套的相关的知识和技能，包括材料，包括各种机械设备，包括施工质量，都有差距。

中国的建筑师其实都是很聪明的，在追赶的过程当中，进步很快，而中国的施工也进步很快，但是施工上或者建筑建造质量上，跟西方发达国家的距离还比较大，当然人家的造价很高了，比我们要高好多倍，但是他们的施工质量比我们好，每一个细节都考虑得非常周到。中国建筑师现在还是粗放型，这方面的差距还是有的。所以说这十几年中国建筑师很失落。

这其实只是其中一种心态，另外一种心态应该是很兴奋，所以失落和兴奋两种心态我觉得都有。兴奋的是什么呢？就是机会多，有了大量实践的平台，这是西方建筑师都做不到的，中国建筑师在这方面得天独厚。当然有很多建筑师为了做更多的活赚钱，可能每个项目不会花那么多精力，不像西方人花的精力多，他们做很慢，我们很快，有时候有点草草了事。我想随着整个市场的调整，这个情况会改变。

记者　　　　　　　　　　这个差距是存在的，那么我们本土建筑师在全球要有一种什么态度，或者我们怎样实现自我的超越和自我的境地？

潘公凯　　　　　　　　就是要学，别人所有的好处都要学，不仅要像西方建筑师学，中国建筑师互相之间也得学，因为大家都有优点，张三在这个方面有长处，李四在那个方面最近突飞猛进，都可以学。学习是不难为情的事情，学习是应该的事情，学习是一个正大光明、特别令人高兴的事情。

　　　　　　　　　　不要觉得我们向西方学习就比别人矮一头。你如果学得很快，学习中尽了自己的努力，而且也达到了自己的学习目标，就可以建立起自信心，这个自信心并非做全世界的老大才有自信。所以对于中国建筑师来说，我觉得现在整个大形势还是很好的。中国目前虽然建筑项目在减少，但还是比国外要多，实践的机会还是比较多，而且现在信息流通很快，国外建筑师最好的作品，在国内立刻可以看到大量准确的资料，所以对中国的建筑师来说，现在在学习上的条件是前所未有的好。

记者　　　　　　　　　　在 2008 年这么一个大环境下，一批海外最优秀的建筑师，他们在抢中国地标建筑，这个时候，凤凰找了本土建筑师，选择了邵老师做凤凰中心的设计师，而且邵老师也经过多次的反复修改，做了这么一个设计，我知道您也到凤凰中心看过，您觉得这个建筑怎么样？跟他们所说的最优秀的国外建筑师的作品相比怎么样？

潘公凯　　　　　　　　我觉得邵老师这个方案做的不错。内部装修的时候凤凰业主征求我的意见，他们有很多的想法，而且跟邵老师观点不一致，邵老师不让做很多的装修，而他想多做点装修。其实两方面都可以理解，都有合理性，但是我当时非常明确地说，整个建筑是一个艺术品，所以内部装修一定要跟大的建筑设计思路走，就是内装不要跟总体的建筑设计脱节或矛盾。内装做到什么程度要听邵老师的，因为他是建筑物的主持人，建筑物的构思、对于整个格调的把握，他心中有一杆秤、一个标准，我觉得做甲方的，要尽量配合邵老师实现他的理想。这样的话，最终对甲方是有好处的，因为这个东西是一个完整的艺术品。所以他们本来是叫我去提意见，看看这面墙上能不能挂画，那面墙想刷成另外一个颜色行不行？其实这些具体意见我都没提，我说这些都得听邵老师的，因为他有一个整体的构思。

这样做是出于两点，一点是邵老师既然能做出这么好的作品来，他肯定是有能力把握内装的，这不用怀疑。第二点作为一个电视台，我也不赞成弄得花里胡哨。你看欧洲和美国重要的大博物馆里，都很干净，除非是一些古典主义建筑本身的花纹雕刻就很多，但是在展览方面，基本上就是很干净的白墙，可以表现出一种高雅的文化素质。国内可能对于文化的理解的档次还没有上去，觉得花里胡哨的东西越多越好，其实不是。真正有文化的，首先要将它的建筑空间理解成一个容器，展览的不是建筑空间里的那面墙，展览的是建筑空间里的活动。所以我不太赞成把这个建筑物的内部弄得花里胡哨，现在的说法叫过度装修，过度装修不是高档次，是低档次。

真正特别高档次的地方，不是过度装修。到了现代主义之后，对于内装的尺度的把握，全世界是有共识的，就是整个建筑形式是比较简洁的，这个简洁一方面是观念问题，另一方面是工业革命以后的大机器生产流水线产品决定了简洁的风格，所以简洁是一个时代潮流。所以我看到邵老师这个作品，里面是干干净净的，我觉得很好。我说可以挂一点画或者放一点雕塑，但是一定不能多。我说放哪，怎么放，放什么风格的，要听邵老师的意见。

记者　　　　　　　您是怎么从美学上解读这个建筑和它的外形的？

潘公凯　　　　　　他用了一个比较聪明的想法，因为凤凰中心跟凤凰卫视最好在理念上有一点关联性，凤凰卫视有它的 Logo，两个凤斗在一起，这个 Logo 和这个环，有形式上的相似性，虽然邵老师没有给我解释过他的构思来源，我想可能就从这来的。所以我觉得这是一个很聪明的点子，这个点子就已经成功了一半。另外一半我觉得是整个建筑处理得比较纯粹，没有多余的东西，就把这个莫比乌斯环做好，所以我觉得还是很成功的。

记者　　　　　　　　　　这个环的概念是西方莫比乌斯环概念，也有人说它有东方的韵味在里面？

潘公凯　　　　　　这个环不是西方的，这个环是一个数学的方程式，数学方程式是全人类的，没有西方、东方可分。至于东方的韵味也可以这样说，但也没法说这一定不是西方的韵味。因为它是一个里圈变外圈，外圈变里圈的无限循环，这种无限循环，可以说是中国古代思想的象征，但也可以说是古希腊哲学思想的象征，这都是可以的。

记者　　　　　　　　　其实您不看重它是中还是西，您可能更看重这个设计师本人个人化的设计，是这样吗？

潘公凯　　　　　　最主要的是好不好。不管是艺术家，还是建筑师，得看他处理形体和处理种种文化符号的本领，看处理得好不好。比如我刚才说到邵老在处理这个环的时候，处理得很纯粹，纯粹就是一种好；同样是这个环，处理得乱七八糟，就会很烂。所以我们要衡量的不是说中的好或西的好，这么简单地来说问题，那是一个非常肤浅的说法，处理得好不好才是最重要。

　　　　　　　　　　在同一方里，好坏之差要比中西方之差差的大多了，所以我们要把质量放在第一。对于建筑师来说，他要处理功能和形式之间的关系。这其中包括各个细节怎么处理得好，他的协调性，协调当中有变化，变化当中有统一等这些问题，也包括怎么解决技术问题。功能问题很重要，技术问题也很重要，我看到了邵老师很好地解决了功能问题。这个环的空间比较大，里面的回旋余地也比较大，所以空出来的空间很大。有这种高大敞亮的很气派的空间也是有必要的，他利用这个大空间做一些走廊，高高低低的走廊很复杂，走廊挺漂亮。当时我唯一比较担心的是四周到处是窗户，太阳晒起来太热，空调比较费电，可能会有这样的问题。但这个问题也不容易解决，因为要做得纯粹，又不能封起来，所以环的表皮都是玻璃窗，也只好做玻璃窗。一部分不做成玻璃窗的话，它的纯粹性就减弱了。反过来，用电量就会比较大一点，但是这个问题也不算大，因为每个甲方的要求不一样，它的侧重点就不一样。

记者　　　　　　　　　咱们说到中西不重要，好才重要。那么我们很自然想到最近讨论比较热烈的话题。可能业内还好一点，但是一般的民众对于判断一个艺术作品，一个建筑，到底是美的还是奇怪的，可能缺乏判断的一个标准，那么您作为艺术界的专家，您觉得应该如何向公众普及这些标准？什么才叫好？

潘公凯　　　　什么才是好？什么才是美？这是一句话讲不清的，不仅一句话讲不清，一本书也讲不清，十本书、一千本书也讲不清。但这是有标准的，这个标准非常难用文字表达。那么怎么来普及这种标准呢？就是要文化教育。我们到巴黎街上，就看两边走过的，不管是老头也好，老太太也好，小孩也好，他们的服装颜色搭配都很好，那些七八十岁的老太太穿出来的衣服非常协调，戴的帽子、围巾，都非常协调。她有什么标准吗？你让她说标准，她也说不出来，但是她的眼睛已经训练出来了。这种能力是从幼儿园就被老师带着到美术馆里去看画，从幼儿园看到大学，眼睛就培训出来了。而美不美不是因地域分的，美不美是人的一种感受，这种感受是有世界性的共同标准的。那么我们的老百姓就是缺少这个训练。

　　　　在欧洲和美国，他们的学生一般不会这样提，老师你告诉我什么是美的？因为这样提问题说明对美一点概念都没有，完全不懂的人才会提这样的问题，如果有点懂的，他就知道美不美是每个人自己在不断地看和不断地介入到艺术活动中而培养出的一种眼光，视觉和听觉都是培养出来的。就像听交响乐是他们的习惯，他们把文化方面的熏陶，看成是生活的组成部分，在这样一个潜移默化的过程当中，就慢慢明白了美是什么。美不能用一句话来说的，比如灰色调就美这句话是不对的，因为灰色调可以是美的，但强烈对比的也可以是美的，没法用一句话来概括。这就是美学的难题，美学是一个最说不清楚的学问，但这个学问是存在的。

　　　　所以尤其像你们电视台这种，就要带着老百姓去看，而不是问这个专家，问那个专家，问出一个答案来，告诉老百姓，一句话你就明白了，这是不可能的。要带着老百姓去看美的东西，包括现在我们这个节目《筑梦天下》，也可以起到这个作用。但是我们这种节目太少，我们现在把明星理解成文化的代表，明星不是文化的代表，文化不是靠明星就能打得出来的。所以在审美的基础教育方面，我们是欠缺比较大的。

记者　　　　　作为一个美学专业者学生，听完潘老师表示非常敬佩。

潘公凯   还是赞同吧。

记者   我一向认为美是多元的，您能允许不一样的观点存在吗？

潘公凯   这个还不光是一个多元的问题，比如你今天穿的衣服很好看，不
              是说衣服破旧程度，或者说质量好坏，而是指上衣颜色跟裤子搭的很舒
              服。怎么搭配就算是搭的好呢？绝对没有一个单一的答案，那怎么办
              呢？就是训练眼睛。美术学院的学生在干嘛？大学本科四年，硕士生两
              年到三年，博士生还有三年到五年，就是十年以上在这个学校里面泡
              着。他读的就是训练眼睛。就像音乐学院的学生，读了十几年，读的是
              什么？就是训练他的耳朵，指挥比拉小提琴的人工资还高，为什么呢？
              指挥的耳朵是全世界最好的耳朵，这个耳朵是训练出来的。

                   那么艺术家，美术学院的学生，他们的眼睛也是训练出来的。比
              如在墙上划横线，一眼就看出来那头要高三厘米才算是平行，尺子一
              量，果然就差三厘米，这个就是训练的尺度关系。还有颜色，眼睛也能
              训练出来的。比如好的服装设计师一眼就能看出袖子大小的微差。比如
              好的指挥一听，就能从八十个声音中区分出第三个小提琴快了一拍，这
              就是耳朵的精确性，那么审美就是这样培养出来的。

                   我们说邵老师做的建筑，就因为他用了莫比乌斯环就好了吗？不
              是，而是他在做这个东西的时候，他的各种处理不错，这就是好。比如
              窗户开的不好，线不流畅，或者说线太密或太粗等，都会造成同一个大
              概的形，但处理不好。那么像这样一种判断，不是一个定义，不是一句
              话，甚至也不是一本书，而是一个长期积累的训练过程。

记者   刚才我注意到您对于建筑空间还是有置疑的，因为有另一种声音
              说，这个空间好像有点浪费，凤凰中心主体就是两个建筑，相当于在上
              面加了一个罩子，这就形成大量的浪费，这里面是不是就是空间浪费，
              这种声音您又是怎么看的？

潘公凯   原始时代人们的住宅、建筑空间是不舍得浪费的，因为地方小，我这里摆个

水缸，那里要摆个罐子，我什么都不摆，一部分资源都给浪费了。但是生产能力、经济和技术发展到一定程度，建筑就需要有一些被普通人看来浪费的空间。教堂那么高，通高部分不都是浪费的嘛！但如果没有浪费高耸的空间，人进了教堂以后，就没有崇高的感觉了。如果说为了节约，教堂上面再盖上十层楼，里面都住上人，就好了吗？那么教堂的目的就达不到了。

凤凰卫视是一个大电视台，它有一个宽敞的空间，就可以显示出凤凰卫视的开阔的、国际化的视野。它可以给参观者或者谈事情的人一种震撼的视觉效果，而这个震撼视觉效果本身就是效应。如果把它做扁了，4m高够用了，但是大家进去以后，就像进了一个筒子楼，或者做一个普通的办公楼，一点感觉都没有，下次可能就不来了，广告也不到你这打了，所以反倒还亏了。所以浪费不浪费这件事情要看甲方，甲方说我现在就勒紧裤带过日子，那可以跟建筑师商量，材料别花太多，别浪费空间太多，给我设计一个简单的，好用的就行。而凤凰卫视不是这样，他想弄一个好看的，让大家进来以后都眼睛一亮的，说明凤凰就是一个像样的电视台。我觉得凤凰做的很好，应该有这样的房子，房子太寒酸了跟凤凰现在的国际影响不相匹配。

记者　　　　　　　　　可能当初凤凰在想营造这么大的一个空间，其实还有另一个想法，想把这个楼打造成公共空间的功能更强一点。那么打造公共空间这一块，您对凤凰中心的空间有什么样的建议？

潘公凯　　　　　　　打造公共空间，我个人觉得要留出大部分的空旷空间不要装修。就是可以有一部分地方，比如说搞间接性的展览、画展、雕塑展，或者搞一些活动，比如说时装秀，我觉得都可以。但也不要把整个空间都用起来，空间就要让他有空的地方，所以不要去把它塞满。现在我们的商场，每一个角落都塞得满满的，空的墙壁都装上广告，进去了以后很烦人，很不舒服。所以就是要有一部分空的，比如屋顶，当时也问我，屋顶那么大，是不是多雕一点雕塑挂在上面，我说少一点，最多挂一个。你挂满了，琳琅满目、乱七八糟，这档次就低了。你能浪费大块的空间说明你牛，把每个窗户上面都贴上窗花了，这个肯定不对的。

记者	看来老师非常喜欢这个。

潘公凯　　对啊。我跟邵老师其实没有太沟通过，但是我想他的意见会跟我的意见比较一致。

记者　　我刚才想到另外一所院校就是中国美院跟您其实也有一段渊源，中国美院这几年最火的王澍，获得了普利兹克奖，他也代表中国建筑师的突围，他的突围方式是选择最本土的，最有中华传统味道的材料，或者结构，来做建筑。然后，邵老师在做凤凰中心的时候，他利用的是另一种方式，他用了大量的数字技术，就是科技最先进的技术这一块。我感觉他是用这一块在突围，那么对比这两种方式，您怎么看他们中间的差异？

潘公凯　　我刚才说了，首先是个人的选择，每个建筑师都有他自己的知识结构和长处，不能求同，每个建筑师都应该发挥自己的长项。王澍是王澍的路子，在乡土这方面，王澍走得比较极致，他把乡间民用的小住宅的一些元素放大，做的也挺好，很有特色。但这肯定仅仅只是路之一，路有很多条，有一个王澍很好，来30个王澍肯定吃不消，有一个就够了。

邵老师走的这条路，因为邵老师其他的建筑我看的比较少，不知道其他的是什么样的，但凤凰中心这个项目，我觉得是一种现代语言，也非常好。当今中国走现代语言的建筑师占了大部分，在这大部分当中，真正走得比较好的还不是太多，邵老师这个我觉得是相当好的，尤其他是好几年前做完的。我觉得这个是应该充分肯定的一条道路，这么多的中国建筑师，现代主义这条路没有人走的好，就会是缺陷。这条路我们一定要有很出色的建筑师在国际上打响，要全世界人都说你好。所以我觉得这个路子我们不能不走，还是要走，但是现代主义不等于求怪，这个一定要分开。而且怪和不怪是历史性演进的，不断在发展的评价标准。我们要看到大的发展方向，走向技术，走向高科，这是一个必然的发展方向。科技在发展，大部分人还是会利用越来越发达的科技给建筑带来一些便利，因为便利所以大家都想用，这个是正常的。

所以在走向现代或者吸收西方现代主义经验的同时，我们不要把建筑设计就完全看成是形式。所谓怪，正确的理解是只注重形式，不注重功能，而且不注重跟周边建筑和人文环境的协调性，称之为怪建筑。比如盖里的建筑很怪，但是放在毕尔巴鄂就很好，非常恰当。但是如果放在故宫旁边就不对，氛围不对。所以要因地制宜地来评判，不要打标签。

记者　　　　　　　　　　就是环境的相容性？

潘公凯　　　　　　对，当然有些不是环境的问题，就是本身做的不好。比如有一个旅馆做成一个大铜板造型，还有一个做成关公、财神爷造型，这就是本身没水平。

记者　　　　　　　　　　就是丑？

潘公凯　　　　　　对，就是极差，不管从哪个角度上都实在是太糟糕了。所以这是另一码事，有些东西做出来就属于不合格，比如铜钱或者关公做成一个房子，好像建筑专业没读过，或者读的时候成绩不好。

记者　　　　　　　　但是人家上了头条。最后问您一个，邵老师设计的凤凰中心，您第一眼看上去的时候，有没有特别印象深刻或者最喜欢的一个点？

潘公凯　　　　　　没有，我觉得不是一个点。因为这个项目做的很纯粹，它是一种网格状的旋转的结构，结构的纯粹性挺好的，我觉得最重要的是它整体的纯粹性好，不是哪个局部好，哪个局部突出来就不纯粹了，每个局部都一样，所以它才好。语言的统一性做的好，而且没有多余的东西。正因为如此，凤凰卫视让我提具体建议的时候，我说我这个具体建议我几乎提不出来，因为这个东西本身很纯粹，什么乱七八糟的东西放进去都不合适，暂时放一放还可以，三天以后撤走那倒也无所谓，但是不能长期放，长期放那就会把大建筑破坏了。

记者　　　　　　　　非常感谢潘院长给我们说这么多，谢谢潘老师。

附录 4 凤凰中心获得奖项

获奖时间 Time	奖项名称 Name of Award	奖励等级 Award Grade
2011 年 10 月 October 2011	Designboom 评选世界十大文化建筑 One of the World's Top 10 Cultural Buildings by designboom.com	
2012 年 12 月 December 2012	2012 年度北京市优秀工程评选 2012 Beijing Excellent Engineering Project Selection	建筑信息模型 (BIM) 单项奖 BIM Individual Award
2014 年 9 月 September 2014	2014 中国建筑学会建筑创作奖 2014 Architectural Society of China Design Award	公共建筑类金奖 Gold Award for Public Buildings
2014 年 9 月 September 2014	2014 年"创新杯"建筑信息模型（BIM）设计大赛 2014 "Imagine Cup" BIM Design Competition	最佳 BIM 建筑设计奖 Best BIM Design Award
2014 年 12 月 December 2014	WAACA 建筑奖 WAACA/WA Awards for Chinese Architecture	技术进步类 优胜奖 Winning Prize for Technical Progress
2015 年 3 月 March 2015	2015 中国建筑学会科技进步奖 2015 Architectural Society of China S&T Progress Awards	科技进步奖 S&T Progress Awards
2015 年 8 月 August 2015	北京市科技进步奖 Beijing S&T Progress Awards Selection	二等奖 Second Prize
2015 年 8 月 August 2015	北京市第十八届优秀工程设计评选 The 18th Beijing Excellent Engineering Design Selection	一等奖 First Prize
2015 年 11 月 November 2015	2015 年亚洲建协建筑奖 2015 ARCASIA Awards for Architecture	荣誉提名 Honorable Mention
2015 年 12 月 December 2015	2015 年度全国优秀工程勘察设计行业奖 2015 National Excellent Geotechnical Investigation & Surveying Design Industry Award	建筑工程一等奖 First Prize for Constructional Engineering
2015 年 12 月 December 2015	第十三届中国土木工程詹天佑奖 The 13th Chinese Civil Engineering Zhan Tianyou Award	詹天佑奖 Tien-yow Jeme Civil Engineering Prize (Zhan Tianyou Award)
2016 年 10 月 October 2016	英国 BIM 评选中国三大 BIM 工程 Top 3 BIM Projects in China by BIM in UK	
2016 年 11 月 November 2016	Autodesk 工程建设行业全球卓越奖最高奖 AEC Excellence Awards 2016	一等奖 First Prize
2016 年 12 月 December 2016	国家优质工程奖 National Quality Engineering Award	2016-2017 年度第一批国家优质工程奖 2016-2017 National Quality Engineering Award (First Batch)
2017 年 9 月 September 2017	国际桥梁与结构工程协会杰出结构奖 The International Association for Bridge and Structural Engineering Outstanding Structure Award	
2017 年 10 月 October 2017	菲迪克工程杰出奖 Fidic Awards	

China
Lighting
Award

Gold Award of
China's
Construction
Engineering
Steel Structure

The FIDIC
Award

International
Association for
Bridge and
Structural
Engineering
Outstanding
Structure
Award

2016
Autodesk
工程建設行業
全球數字科技
卓越獎最高獎
AEC
Excellence
Awards
2016

附录 5 凤凰中心重要参展及相关活动

1.

2011 年，入选罗马中意文化交流展核心参展项目——"向东方"中国建筑景观展

由中华人民共和国文化部主办，意大利文化遗产部协办的"向东方 - 中国建筑景观展"于 2011 年 7 月 28 日在意大利罗马 21 世纪国家当代艺术博物馆（MAXXI）展出。本次展览是中国意大利文化年的闭幕项目，也是中意文化交流及外交方面的重要事件。展览为期三个月，主要以展出近十年来中国建筑师的实践作品为主，凤凰中心作为核心参展项目之一首次在海外亮相，展览采用了多媒体互动艺术的形式对项目进行全方位的展示，参展观众可以通过操作 IPAD 控制大屏幕的展播画面，并结合图册、图板的展示形式，以更多元的方式全面介绍了凤凰的设计与建设情况。

2.

2011 年，获 designboom 评选的世界十大文化建筑之一

2011 年 12 月 19 日，意大利著名设计网站 Designboom 发布了 2011 年全球十大文化建筑评选结果。凤凰中心入选。

3.

2012 年，获邀参加威尼斯建筑双年展

2012 年建筑双年展的总策展人是英国建筑师戴维·奇普菲尔德（David Chipper Field），他展示的主题为"共同基础"。中国馆策展人方振宁先生提出"原初"的展示主题，由凤凰中心原初轴线和 100 个剖断面演化的展品"序列"作为中国馆主要展品之一参加展示。时任中国驻意大利大使丁伟，凤凰卫视董事局主席、太平绅士刘长乐，威尼斯双年展主席保罗·巴拉塔，香港艺术发展局主席王英伟，凤凰中心主创团队，以及参展建筑师、艺术家等300 余人出席展览开幕式。

4.

2013 年 5 月 24 日，凤凰交流会，威尼斯双年展展品在凤凰中心展出

2013 年 5 月 24 日，凤凰中心的项目设计、建造和相关技术团队齐聚一堂，进行凤凰中心核心技术的总结交流会。凤凰卫视业主、北京市建筑设计研究院全专业设计团队、施工总承包天润建设有限公司、江苏沪宁钢机股份有限公司、深圳金粤幕墙装饰工程有限公司、上海盈创装饰设计工程有限公司、北京豪尔赛照明技术有限公司、北京筑境天成建筑设计有限公司、SAKO 建筑设计工社及相关设计、技术人员均到场并发表技术交流报告。交流会后一同参观以凤凰中心为主题的威尼斯双年展参展项目"序列"在凤凰中心现场的回顾展。

5.

2013 年 6 月 20 日，专家研讨会

2013 年 6 月 20 日，在北京举办了凤凰中心专家研讨会，清华大学建筑学院原院长秦佑国教授、中国工程院院士马国馨总建筑师、清华大学建筑系主任徐卫国教授、国家工程设计大师刘树屯总结构师、高级幕墙设计师、幕墙专家白飞等专家出席研讨会，参观了凤凰中心建设现场，并形成研讨会成果。专家组一致认为凤凰中心是利用数字技术经过长期的工程实践和探索形成的，对建筑行业和相关产业的技术提升和技术进步具有突破性的引领意义，相关技术填补了国内空白，达到国际先进水平。

6.

2013 年 6 月 26 日，上海威尼斯回顾展

2013 年 6 月，威尼斯双年展中国馆展览在上海进行归国回顾展，凤凰中心主题作品"序列"参展。

7.

2013 年 11 月 18 日，专家品鉴会

2013 年 11 月 18 日，凤凰中心品鉴沙龙在凤凰中心举行。项目总建筑师邵韦平带领受邀建筑师及媒体进行参观，随后在七层接待厅举办了品鉴沙龙，邵韦平总建筑师发表主题演讲"创意与实现创意"，全面阐释了凤凰中心的设计过程和设计亮点，嘉宾发表了对凤凰中心的评价及展望。本次品鉴沙龙的与会嘉宾有：中国工程院院士崔愷；凤凰东方（北京）置业有限公司常务副总经理谷德雨；北京市建筑设计研究院有限公司董事长朱小地；公司总建筑师胡越；中科院建筑设计研究院有限公司总建筑师崔彤；清华大学建筑学院副院长单军；北京大学建筑与景观设计学院院长王昀；齐欣建筑设计咨询有限公司董事长齐欣；URBANUS 都市实践建筑事务所合伙人王辉。参与媒体有：《建筑学报》主编范雪；《世界建筑》主编张利；《建筑师》副主编易娜；ikuku 建筑网。各位嘉宾对凤凰中心给予了较高的评价，认为凤凰中心在技术和艺术上都具有很高的原创性和重要的开拓性，将成为北京城市空间的一道风景线。

8.

2014 年 5 月 26 日，《建筑学报》凤凰中心专刊出版

《建筑学报》2014 年 5 月刊 NO.549 期发表凤凰中心专刊报道，全面介绍凤凰中心的技术与控制经验，清华大学徐卫国教授，建筑师王辉参与题为"集成、研发、创新、理性"的对谈。马国馨院士发表评论文章《挑战传统设计和建造方法——游"凤凰台"感想》，崔愷院士发表评论文章《多重和谐养育"凤凰"》。

9.

2014 年 6 月，*ARCHITECT* 杂志首发凤凰中心专题报道

2014 年 6 月，凤凰中心在美国《建筑师》杂志被首次报道，这也是凤凰中心在境外媒体的首次正式亮相。文章由美国著名评论家、建筑师约瑟夫·乔万尼尼（Joseph Giovannini）先生撰写，高度评价并充分肯定了凤凰中心的建设成果，本次报道发表在《建筑师》杂志 6 月刊的专题报道栏目，随美国建筑师大会一同刊发。

10.

2014 年 12 月 19 日，凤凰答谢会

2014 年 12 月，在凤凰中心刚刚投入运营之际，凤凰中心主创设计团队在演播楼顶举办了凤凰中心答谢会，参与凤凰中心设计的全体设计人员对以往的工作进行了回顾和总结，并庆祝凤凰中心正式投入运营。

11.

2015 年 6 月,《建筑创作》杂志出版凤凰中心专刊——《无尽空间：自由与秩序——凤凰中心专辑》

《建筑创作》杂志以 300 余页篇幅全面系统地总结了凤凰中心的设计、施工和运营信息。收录了四篇建筑评论家专题文章，包括瑞士建筑师克里斯蒂安·克雷兹《无尽空间》，约瑟夫·乔万尼尼的《精确的神秘：凤凰中心和中国建筑创造》，徐卫国教授《凤凰中心的第三种文化态度》，李世奇《以参数主义解读凤凰中心》，并专访了凤凰卫视董事局主席刘长乐，凤凰东方置业有限公司总经理田义，副总经理谷德雨，凤凰中心总建筑师邵韦平，及主创建筑师刘宇光、李淦。

12.

2016 年，获英国 BIM 网站评选中国三大 BIM 工程 (Top 3 BIM Project in China) 之一

2016 年，英国 BIM 网站发表了一篇名《中国三大 BIM 工程》的文章，介绍了他们眼中中国排名前三的 BIM 项目，并对中国 BIM 市场进行了解读。上海中心、凤凰中心、上海迪士尼乐园入选。

13.

2016 年 3 月 26 日,《筑梦天下》凤凰中心特辑首播

2016 年 3 月 26 日，《筑梦天下——凤凰中心特辑》在凤凰卫视中文台首播，这部纪录片详细剖析了凤凰中心设计、建造的始末，完整展现了凤凰中心的设计理念与建造意义。节目特别策划了一系列专访，通过国内外的建筑师、艺术家、媒体人和设计团队的全面解读，揭示全方位的凤凰中心解读。中国工程院院士崔愷，中央美院原院长潘公凯，清华大学建筑系教授徐卫国等专家和北京院建筑师接受专访。

14.

2016 年 9 月,"从实验建筑到批判实用主义：当代中国建筑师实践"——哈佛大学展

2016 年 9 月，近六十个中国建筑师作品在哈佛大学设计研究生院展厅开展，展览采用云形展示，凤凰中心作为中国当代代表性建筑作品参展。

15.

2016 年 11 月，获工程建设行业全球卓越奖最高奖，设计团队赴美国领奖

2016 年 11 月 15 日，由全球二维、三维设计、工程及娱乐软件技术领导者欧特克有限公司和惠普公司联手举办的"工程建设行业全球卓越奖"获奖名单正式揭晓，凤凰中心荣获建筑类最高奖一等奖。凤凰中心设计团队受主办方邀请赴现场领奖。

16.

2018 年 1 月,《凤凰中心》新书发布暨项目启动十周年献礼活动在凤凰中心举办

2018 年 1 月 20 日下午，"为明天而设计——《凤凰中心》新书发布暨项目启动十周年献礼"活动在凤凰中心举行。作者邵韦平执行总建筑师做新书发布致辞，介绍书中主要设计内容；责任编辑秦蕾发言表达感谢，及对本书的期望；凤凰卫视董事长刘长乐先生发表祝辞并回顾十年凤凰历程。随后 BIAD 董事长徐全胜、同济大学出版社主编姚建中、欧特克大中华区总经理李邵建、清华大学教授徐卫国、同济大学教授袁烽、欧特克谌冰等人先后上台发表演讲与学术报告。

项目概况

项目名称	凤凰中心
地点	中国北京
方案设计单位	北京市建筑设计研究院有限公司
设计时间	2007 ~ 2013 年
建造时间	2009 ~ 2013 年
基地面积	18821.83 ㎡
建筑面积	72478 ㎡（地上面积：38293 ㎡，地下面积：34185 ㎡）
委托方	凤凰卫视
用途	媒体办公，演播工艺，展示体验，附属配套设施
结构形式	外壳：钢结构；主体：混凝土框架剪力墙

　　凤凰中心项目位于北京朝阳公园西南角，占地面积 1.8hm²，总建筑高度 55m。除媒体办公和演播制作功能之外，建筑安排了大量对公众开放的互动体验空间，以体现凤凰传媒独特的开放经营理念。建筑的整体设计逻辑是用一个具有生态功能的外壳将具有独立围护使用功能的空间包裹在内，体现了楼中楼的概念，两者之间形成许多共享性公共空间。在东西两个共享空间内，设置了连续的台阶、景观平台、空中环廊和通天的自动扶梯，使得整个建筑充满动感和活力。此外，建筑造型取意于"莫比乌斯环"，这一造型与不规则的道路方向、转角以及和朝阳公园形成和谐的关系。

　　连续的整体感及柔和的建筑界面与表皮，体现了凤凰传媒企业文化形象的拓扑关系，而南高北低的体量关系，既为办公空间创造了良好的日照、通风、景观条件，避免演播空间的光照与噪声问题，又巧妙地避开了对北侧居民住宅的日照遮挡影响，是一个一举两得的构想。

　　此外，整个建筑也体现了绿色节能和低碳环保的设计理念。光滑外形没有设一根雨水管，所有在表皮形成的雨水顺着外表的主肋导向建筑底部连续的雨水收集池，经过集中过滤处理后用作艺术水景及庭院浇灌。建筑具有单纯柔和的外壳，除了其自身的美学价值之外，也可以缓和北京冬季强烈的高层建筑的街道风效应。建筑外壳同时又是一件"绿色外衣"，它为功能空间提供了气候缓冲空间。

　　建筑的双层外皮可以很好地提高功能区的舒适度并减少建筑能耗。设计利用数字技术对外壳和实体功能空间进行量体裁衣，精确地吻合彼此的空间关系。共享空间利用高差 30m 的下大上小的空间的烟囱效应，在过渡季中，可以形成良好的自然气流组织，节省能耗。

建筑设计
北京市建筑设计研究院
有限公司

主创建筑师
刘宇光 陈颖

建筑设计团队
李淦 周泽渥 吴锡
潘辉 肖立春 王宇

结构设计团队
束伟农 朱忠义 周思红
张世忠 沈震凯 王毅
卜龙瑰

设备设计团队
张铁辉 杨扬 钱强 刘均

电气设计团队
孙成群 金红 郑波

总图设计
吕娟

灯光设计
郑见伟

设计总负责人
邵韦平

经济师
张鸰

BIM 设计
池胜峰

景观设计
北京筑境天成建筑设计
有限公司

室内设计
SAKO 建筑设计公社

灯光顾问
英国 Speirs and Major
Associates Limited（概念）

BIM 顾问
北京数字营国信息技术
有限公司

工程总包
北京天润建设有限公司

钢结构
江苏沪宁钢机股份有限公司

玻璃幕墙
深圳金粤幕墙装饰工程
有限公司

SRC 幕墙
上海盈创装饰设计工程
有限公司

室内装修
苏州金螳螂建筑装饰股份
有限公司

照明工程
北京豪尔赛照明技术
有限公司

《数字建造》专辑
编写责任人
陈颖 奥京

索　引

后 记

凤凰中心项目从设计启动至今已经走过了十个年头，在中国城市建设最澎湃的时代，我们有幸获得具有前瞻性视野的业主——凤凰卫视领导的信任，承担了凤凰中心这个极具挑战性的创作任务。十年磨一剑，今天，凤凰中心已经获得了国内外的广泛认可与关注，它能够在设计上取得今天的成就，离不开各方的鼎力支持。

凤凰中心是设计团队历经六年的精心推敲设计完成的作品，主创人员为项目实现付出辛勤的汗水和高昂的代价，在此谨对项目做出贡献的每一位团队成员表示感谢。为了保证凤凰中心的设计效果，项目设计团队全体人员一直克服着巨大的设计压力，但没有向罕见的技术难题妥协，而是不断寻找最优的解决策略，共同配合，最终实现了一个高品质的建筑作品。

北京市建筑设计研究院有限公司是设计团队的坚强后盾，在公司领导的大力协调下，各专业团队不惜代价，配合建筑师实现了许多难度极大的创想。感谢他们为项目能够顺利实施提供的强有力的技术保障，使我们赢得了业主的信任。

感谢凤凰中心的业主，特别是凤凰卫视董事局主席刘长乐先生，正是他力排众议，坚持信任中国建筑师，选择"莫比乌斯"方案，并在长达 6 年的设计、建造过程中，对团队给予充分的尊重与信任，给中国建筑师机会来展现本土的文化与技艺，他对于中国建筑行业的进步所做出的贡献将被建筑历史铭记。此外，还要感谢田义先生、谷德雨先生以及他们所领导的凤凰中心的执行团队，感谢他们面对挑战勇于决策，与建筑师协力攻克难关，才能将凤凰中心完整、精确地建造出来。

感谢参与项目建设的所有施工单位、监理单位和配合团队，尤其要感谢江苏沪宁钢机、深圳金粤幕墙，他们与建筑师通力协作，为制造行业的整体升级做出努力，为国内的加工建造行业拓展了一番新天地。

落成后，凤凰中心获得了业界的广泛关注与肯定，许多行业权威对凤凰中心给予了大力支持，尤其要感谢马国馨院士、崔愷院士、徐卫国教授、潘公凯院长多次撰写专题评论，接受专题访问，感谢他们在专业上的肯定与鼓舞，还要感谢众多国内外支持凤凰中心的专家、学者，也正是在他们的呼吁下，团队将核心技术总结成书，希望此套设计方法能够得到更广泛的应用。

最后，还要感谢许许多多为凤凰中心的实现做出过贡献的专业人员，没有他们的努力，凤凰中心无法最终落地。由于篇幅所限，无法一一列及。凤凰中心传递着"开放、创新、包容"的设计理念，既立足于我们多年的技术储备，又证明了中国建筑师创新的勇气与决心，目前，凤凰中心所形成的技术成果，已经在更多的工程中得以运用和拓展。在信息化浪潮下瞬息万变的未来，建筑行业也许会面临更多技术变革，但凤凰中心的精神却将一直激励我们，这是一座为明天而设计的建筑，将在未来继续鼓舞我们和一代代的设计师、建造者，戮力同心，砥砺前行。